高等学校规划教材

热工基础与工业窑炉

主 编 徐利华 延吉生
副主编 邱云萍 刘 明 连 芳

北 京
冶金工业出版社
2022

内 容 简 介

本书是根据当前冶金及硅酸盐工程专业教学要求而编写的教材。本教材着重阐述重大高温工程和材料生产过程所涉及的热工设备的基本理论，主要包括窑炉气体运动、传热传质及燃料燃烧等基本原理，并运用这些热工基础理论对各类硅酸盐工业常见炉窑的基本构造、热工特性和操作原理进行了讨论。本教材还介绍了有关钢铁工业炉窑的一些基本知识，旨在扩大读者对冶金工业炉窑的构造、热工知识及相关技术的了解，并为培养高层次专业人才奠定基础。本教材每章前都配有本章要点，每章后都有习题，便于读者学习使用。

本教材可供高等院校冶金、能源、硅酸盐专业及其他高温专业的师生在教学时使用，也可供从事相关专业的工程技术人员以及国外来中国留学、进修人员参考。

图书在版编目(CIP)数据

热工基础与工业窑炉/徐利华等主编．—北京：冶金工业出版社，2006.7（2022.1 重印）

ISBN 978-7-5024-3989-7

Ⅰ．热… Ⅱ．徐… Ⅲ．①热工学 ②工业炉窑 Ⅳ．①TK122 ②TK17

中国版本图书馆 CIP 数据核字(2006)第 043768 号

热工基础与工业窑炉

出版发行 冶金工业出版社　**电　话** (010)64027926
地　址 北京市东城区嵩祝院北巷 39 号　**邮　编** 100009
网　址 www.mip1953.com　**电子信箱** service@mip1953.com

策划编辑 张 卫　责任编辑 王雪涛 杨 敏　美术编辑 彭子赫
版式设计 张 青　责任校对 卿文春 李文彦　责任印制 李玉山

三河市双峰印刷装订有限公司印刷
2006 年 7 月第 1 版，2022 年 1 月第 7 次印刷
710mm × 1000mm 1/16；11.5 印张；202 千字；175 页
定价 26.00 元

投稿电话 (010)64027932　投稿信箱 tougao@cnmip.com.cn
营销中心电话 (010)64044283
冶金工业出版社天猫旗舰店 yjgycbs.tmall.com
（本书如有印装质量问题，本社营销中心负责退换）

前　言

《热工基础与工业窑炉》是根据当前冶金及硅酸盐工程专业教学要求而编写的教材。本教材着重阐述重大高温工程和材料生产过程所涉及的热工设备的基本理论，主要包括窑炉气体运动、传热传质及燃料燃烧等基本原理；运用这些热工基础理论对各类硅酸盐工业常见炉窑的基本构造、热工特性和加热技术进行分析和讨论。本教材还介绍了有关钢铁工业的一些基本炉窑知识，旨在扩大广大读者对高温工业炉窑的构造、热工特性及相关节能环保技术的普及与了解，并为培养高层次专业人才奠定基础。本教材可供工科高等院校冶金、能源、硅酸盐及相关专业师生教学时使用，也可供从事相关专业的工程技术人员和进修人员参考。

本教材由北京科技大学无机非金属材料系徐利华教授、科技部资源与环境处延吉生处长担任主编，邸云萍博士、刘明博士和连芳博士任副主编。浙江大学潘洪革教授、翁文剑教授，清华大学黄勇教授、李建保教授，北京科技大学李文超教授、孙加林教授和王福明副院长对本教材进行了审阅。

编者感谢国家自然科学基金重点项目、国家科技支撑计划、国家“863”计划以及教育部科学技术研究重点项目的资助。

由于编者水平所限，书中不妥之处，希望读者批评指正。

编　者

2006年1月

目　录

绪 论

无论是硅酸盐工业，还是冶金工业，窑炉生产工艺往往是其最为核心的部分。任何一种硅酸盐(或钢铁)产品，都要经过特定的炉窑进行煅烧。在煅烧过程中，物料在窑内要发生一系列物理、化学以及高温物理化学变化。如果窑炉的设计不合理或操作上存在缺陷，势必要影响产品的产量和质量，或浪费原料，增加制品的能耗，严重时出现大量废品。

我国硅酸盐窑炉发展历史源远流长，5000 年前就出现烧制陶瓷的升焰窑，之后又相继出现了利用山坡自然倾斜兴建龙窑、阶梯窑，以及景德镇的蛋形窑，明宋期间出现官窑。随着科学技术发展，硅酸盐产品不断扩大，生产工艺更新，根据人们对硅酸盐制品的产量、质量、能耗，对环境污染等提出更高的要求，各种新型窑炉不断出现。

一般在硅酸盐工业中，常用的热工设备包括：原料煅烧设备有立窑(竖窑)、回转窑；制品烧成设备有间歇式的倒焰窑、梭式窑和连续式隧道窑；玻璃熔融设备有池窑、坩埚窑等。此外还有各种类型的原料、半成品干燥设备，如转筒干燥器、流态化烘干机、室式干燥器、隧道式干燥器、链式干燥器等。

在陶瓷、耐火材料工业中，过去长期使用间歇式倒焰窑。该窑炉占地面积小、结构简单、投资少、操作灵活；但由于砌筑体耗热大，烟气余热得不到利用，热效率低，且出、装窑劳动强度高，所以多数中型以上的生产厂家都以隧道窑替代传统的倒焰窑。

由于隧道窑的连续操作，烟气与制品的余热可以得到充分利用，目前在陶瓷、耐火材料工业中得到广泛的应用。但其本身也不断发展与完善。我国于 20 世纪 50 年代建造第一条 60 m 黏土砖隧道窑，之后又建立了高铝、硅砖、镁砖隧道窑。随着直接结合碱性砖等优质耐火材料的出现，高温烧成温度达 1750℃以上，甚至出现了达到 1900℃的超高温隧道窑。在结构上国外又出现断面大、长度短的顶燃式隧道窑。传统陶瓷行业中结合隧道窑工作原理，发展了辊道窑、推板窑等窑炉。而现代技术陶瓷领域出现诸如氮化硅、赛隆新材料，这种在非氧化气氛烧结的陶瓷制品又对传统窑炉的热工技术提出了新的挑战。

在原料煅烧方面，广泛采用的是立窑和回转窑，随着耐火原料二步煅烧技术的发展，在原料轻烧方面各种流态化技术取得较大进展，如沸腾轻烧、悬浮轻烧等。在原料死烧方面出现了温度达1900℃以上的高温竖窑和回转窑。对水泥熟料的煅烧采用回转窑。为了利用回转窑烟气热量的充分交换，50年代出现带悬浮预热器，70年代由于窑外分解技术的出现，新型回转窑得到迅速发展。

在钢铁冶金工业中，高炉是炼铁工业的主要热工设备。自高炉问世200多年来，随着人们对产量的要求和原料燃料条件的改善，以及鼓风能力的提高，高炉炉型也在不断地演变和发展。目前高炉炉型为五段式炉型，近代高炉向着大型横向发展。氧气转炉是转炉炼钢的主体热工设备。此外电弧炉是炼钢电炉的一种，目前随着连续铸钢技术、炉外精炼技术的发展，钢材质量、产量、劳动生产率都得到大幅度改善。

综上所述，从工业窑炉的发展可以看出窑炉发展和生产工艺改进密切相关。为发展新型无机材料及其各类复合材料，目前在科研工作中也发展了一些规模较小的各种炉子，如常见的无压烧结马弗炉、气氛烧结炉（氮化炉，碳管炉）、热压烧结炉（HP）、气压炉（GPS）和热等静压炉（HIP）。由于在实验中烧结试样体积较小，炉膛尺寸也较小，因此在产品的产量和能耗方面也很少顾及。但是，一旦试验产品试制成功而进入产业化阶段，就要全面考虑经济效益和社会效应等问题。

全面掌握热工理论是控制把握工业窑炉的关键。如降低制品热耗，提高传热速率，减少热损失，窑内气体运动合理，减少气体穿越物料的阻力损失，保证燃料在炉内的充分燃烧问题。为达到上述要求，了解并掌握热工相关理论十分必要。这些方法和知识主要有：

(1) 窑炉气体力学：以研究窑炉内气体运动规律，引导窑炉内气体运动的方法。

(2) 传热学：以研究窑炉内热量交换规律，提高传热速率，减少热量损失的途径。

(3) 质量交换原理：以研究质量交换过程及其影响因素为主。

(4) 干燥原理：含有不同水分的物料和空气随温度变化时所发生的一系列物理变化。

(5) 燃料燃烧理论：以了解各类燃料性质、来源和燃烧机理为重点。

本教材在学习热工基础理论的基础上，介绍各类热工设备的工作原理和热工特性，其中包括燃烧设备、干燥设备、热交换设备、原料煅烧设备、制品烧成设备和熔融设备。

在学习本教材的同时，还应该通过认识实习、生产实习、课程设计等教学环节来加深和巩固教学内容。

本教材按照36～50学时编写。

1　窑炉气体力学

本章要点：

气体力学是从宏观角度研究气体平衡及其流动规律的一门科学，而窑炉气体力学则研究窑炉工作过程中气体的宏观物理与化学行为(运动与静止，生成与消失)。

在硅酸盐工业以及冶金工业中所涉及的窑炉大多数以燃料燃烧产生的气体作为载热介质。窑炉气体有许多种，而主要的是烟气和空气。为此，气体的输送、气体在窑炉空间的运动、废气的排出等对窑炉操作都很重要。本章研究的中心问题是气体流动。

气体和液体一样，都具有流动性，它们同属于流体。流体力学基本定律在气体力学研究中仍然适用。但它们之间也存在一定差别，各自具有本身的特性，只有了解了气体的特性，才能把流体力学的知识准确地应用于窑炉系统的气体力学研究中。如气流的流动形态、速度与方向对热交换过程有影响，气流的混合对燃料燃烧过程有影响，而气氛性质(氧化、还原、中性、氮化)、气流压强以及阻力对排烟系统和装置设计均有重要影响。

1.1　气体的主要特征

1.1.1　理想气体状态方程

对于理想气体，温度－压强－体积之间的关系可以用理想气体状态方程式表示：

$$pV = nRT \tag{1-1}$$

式中　p——气体压强❶，N/m^2；

---

❶　“压强”在工程上习惯称为“压力”。

在国际单位制(SI)中，压强这个量的单位名称为“帕[斯卡]”，单位符号用“Pa”表示，其单位常用由SI词头构成的倍数单位，即“MPa”表示；帕(Pa)的物理意义为牛[顿]/米^2(N/m^2)，即 $1\ Pa = 1\ N/m^2 = 10^{-6}\ N/mm^2$，$1\ MPa = 1\ N/mm^2$。在窑炉工业生产中，以往压强的单位多以非法定计量单位“毫米水柱”(mmH_2O)表示，它们之间的关系为：$1\ Pa = 0.102\ mmH_2O$；$1\ mmH_2O = 9.807\ Pa$。

压强的其他非法定计量单位与其法定计量单位“Pa”之间的换算关系为：

1 atm(标准大气压) = 101325 Pa = 101 kPa = 760 mmHg = 10.33 mH_2O

1 at(工程大气压) = 98070 Pa = 98 kPa = 735.6 mmHg = 10 mH_2O

V——气体体积,m^3;

n——气体物质的量,kmol;

R——摩尔气体常数,8314J/(kmol·K);

T——气体的热力学温度,K。

由于

$$n = m/M$$

式中　m——气体的质量,kg;

M——气体的摩尔质量,kg/kmol。

式(1-1)又可写成

$$pV = \frac{m}{M} \cdot RT$$

当气体质量 m 为 1 kg,理想气体的温度、压强、比体积(或密度)之间关系可表示为:

$$pv = RT/M;\ p/\rho = RT/M$$

式中　v——气体比体积,m^3/kg;

ρ——气体密度,kg/m^3。

在工程上常见的气体,如氧气、氢气、氮气、一氧化碳气体、水蒸气以及它们所组成的空气和烟气,当其压强较小(与大气压比较)和温度不太低(与室温比较)时,可以当作理想气体处理。

在恒温条件下,气体比体积和密度随压强变化(状态 1→状态 2)的关系为:

T = 常数,pv = 常数,p/ρ = 常数,则有

$$p_1/p_2 = v_2/v_1 = \rho_1/\rho_2$$

式中　p_1、p_2——分别为状态 1 和状态 2 气体的压强,Pa;

v_1、v_2——相应压强下气体的比体积,m^3/kg;

ρ_1、ρ_2——相应压强下气体的密度,kg/m^3。

在恒压条件下,气体比体积和密度随温度变化的关系为:

p = 常数,v/T = 常数,ρT = 常数,则有

$$v_t/v_0 = T_t/T_0,\ V_t/V_0 = T_t/T_0,\ \rho_t/\rho_0 = T_0/T_t$$

式中　v_0、v_t——分别为标准状态下(273.15 K 和 1 标准大气压)和热力学温度为 T_t(273 + t℃)时气体的比体积,m^3/kg;

T_0、T_t——分别为标准状态下和温度 t 时气体的热力学温度,K;

V_0、V_t——分别为标准状态下和 T_t 时气体的体积,m^3;

ρ_0、ρ_t——分别为标准状态下和 T_t 时气体的密度,kg/m^3。

从上面的关系式可以看出,气体的比体积或体积与温度成正比,温度升高,气体比体积或体积增加;而气体密度与温度成反比,温度升高,气体密度相应降低。

[例 1-1] 将 1000 m^3,0℃空气送入加热器中加热,标准状态下空气密度为 1.293 kg/m^3,求加热至 250℃时气体的体积和密度。

解 $V_t = V_0 T_t / T_0 = 1000 \times 523/273 = 1916\ (m^3)$

$\rho_t = \rho_0 T_0 / T_t = 1.293 \times 273/523 = 0.67\ (kg/m^3)$

由此例题可以看出,空气经过加热后体积明显增加,而密度明显下降,因此在窑炉的热工计算中,不能忽略气体体积和气体密度随温度的变化。当气体压强接近于标准大气压时,必须根据气体所处温度进行换算。

1.1.2 气体黏度与温度之间的关系

黏性流体所产生的内摩擦力由牛顿黏性定律确定

$$\tau = \eta \mathrm{d}u/\mathrm{d}y \tag{1-2}$$

式中 $\mathrm{d}u/\mathrm{d}y$——速度梯度,s^{-1};

τ——剪切力,Pa;

η——黏度,Pa·s。

在流体力学计算中,也经常用 $\nu = \eta/\rho$,ν 称为运动黏度,单位为 m^2/s。

气体黏度与温度之间的关系表示为

$$\eta_t = \eta_0 [(273 + C)/(T + C)](T/273)^{3/2} \tag{1-3}$$

式中 η_t——在 t(℃)时气体的黏度,Pa·s;

η_0——在 0℃时气体的黏度,Pa·s;

T——气体的热力学温度,K;

C——与气体性质有关的常数。

各种气体的 η_0 和 C 值见表 1-1。

表 1-1 各种气体的 η_0 和 C 值

气 体	η_0/Pa·s	C/K	C 值适用的温度范围/℃
空气	1.71×10^{-7}	114	0~300
N_2	1.66×10^{-7}	118	50~100
O_2	1.87×10^{-7}	138	17~186
CO_2	1.37×10^{-7}	239.7	-21~302
CO	1.66×10^{-7}	118	15~100
H_2	0.84×10^{-7}	71.7	-21~302
CH_4	1.20×10^{-7}	198	17~100

续表 1-1

气　体	η_0/Pa·s	C/K	C 值适用的温度范围/℃
C_2H_4	0.96×10^{-7}	225.9	−21～302
NH_3	0.96×10^{-7}	377	15～184
SO_2	1.17×10^{-7}	416	18～100
H_2O	0.82×10^{-7}	673	−
发生炉煤气	$\approx1.45\times10^{-7}$	≈150	−
燃烧产物	$\approx1.47\times10^{-7}$	≈170	−

1.1.3 气体所受的浮力

在已往的液体计算中,极少考虑大气的浮力,而对窑炉中所存在的热气体进行计算时,务必要考虑大气的浮力。例如对于 1 m^3 的水,其质量为 1000 kg,在重力场作用下,其重力约为 9810 N,在 20℃大气中所受大气浮力约为 11.76 N,只占重力的 0.12%,故而忽略气体浮力的影响在工程上是允许的。而对于 1 m^3 密度为 0.5 kg/m^3 的热气体自重仅为 4.9 N,而气体浮力则为 11.76 N,故进行热气体计算时,不能忽略气体浮力的影响。

1.2 气体力学基本定律

1.2.1 静力学基本方程式

对重力场作用下的静止流体,将欧拉平衡微分方程式在密度不变的情况下进行积分求解,得到静力学基本方程式

$$p+\rho gz=\text{常数} \tag{1-4}$$

对处于平衡状态流体内的 1、2 点(如图 1-1*a* 所示),可列出静力学基本方程式

$$p_1+\rho gz_1=p_2+\rho gz_2 \tag{1-5}$$

式中 p_1、p_2——分别为 1,2 两点流体的压强,Pa;

z_1、z_2——分别为 1,2 两点距基准面的距离,m;

ρ——流体密度,kg/m^3;

g——重力加速度,$g=9.81$ m/s^2。

为应用方便,式(1-5) 可写成

$$p_1=p_2+\rho g(z_2-z_1)=p_2-\rho gH \tag{1-6}$$

式中 H——1,2 两点间的垂直距离,m。

[例 1-2] 如图 1-1*b* 所示的窑炉,内部充满热烟气,温度为 1000℃,烟气在标准状态的密度 $\rho_{f,0}$为 1.30 kg/m^3,窑外空气温度 20℃,空气标准状态的密度

$\rho_{a,0}$为 1.293 kg/m³,窑底内外压强相等,均为 101325 Pa。求距离窑底 0.7 m 处窑内、外气体的压强各是多少？其相对压强多大？

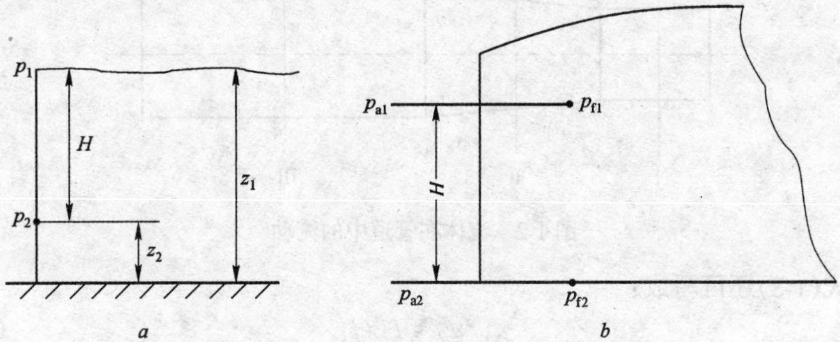

图 1-1 图示

a—静止流体的压强分布；b—例 1-2 附图

解 首先根据公式 $\rho_t/\rho_0 = T_0/T_t$,求出烟气、空气分别在 1000℃、20℃时的密度：

$$\rho_a = 1.293 \times 273/293 = 1.21(\text{kg/m}^3);$$

$$\rho_f = 1.30 \times 273/(273+1000) = 0.28(\text{kg/m}^3)$$

其次,根据基本方程式求出气体压强：

$$p_{a1} = p_{a2} - \rho_a gH = 101325 - 1.21 \times 9.81 \times 0.7 = 101317(\text{Pa})$$

$$p_{f1} = p_{f2} - \rho_f gH = 101325 - 0.28 \times 9.81 \times 0.7 = 101323(\text{Pa})$$

最后,距窑底 0.7 m 处相对压强 $p_{f1} - p_{a1} = 101323 - 101317 = 6(\text{Pa})$。

1.2.2 连续性方程式

连续性方程式表示为:当流体在管道内做稳定流动时,通过管道任一截面的质量流量都相等。它是质量守恒定律在流体力学中的具体应用。根据流体在管道中的流动(如图 1-2 所示),Ⅰ—Ⅰ,Ⅱ—Ⅱ,Ⅲ—Ⅲ断面处可写出如下关系式。即：

$$f_1 u_1 \rho_1 = f_2 u_2 \rho_2 = f_3 u_3 \rho_3 = 常数 \tag{1-7}$$

式中 f——各截面面积,m²;

u——流体通过各截面的平均流速,m/s;

ρ——各截面的流体密度,kg/ m³。

对于不可压缩气体,密度不会发生变化,则式(1-7)可表示为

$$f_1 u_1 = f_2 u_2 = f_3 u_3 = q_v = 常数 \tag{1-8}$$

式中 q_v——气体的体积流量,m³/s。

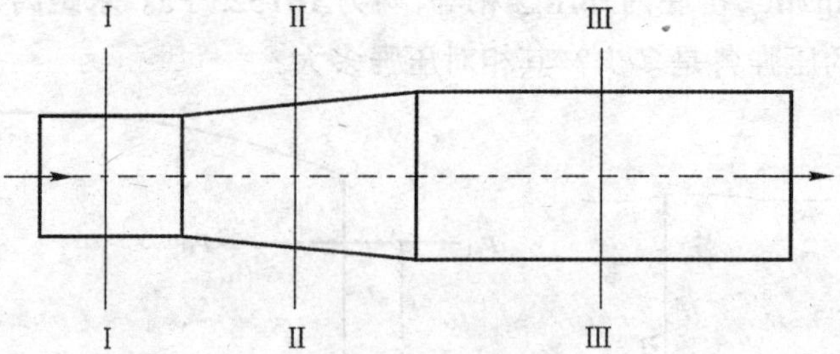

图 1-2　流体在管道中的流动

式(1-8)还可写成：

$$u_1/u_2 = f_2/f_1 \tag{1-9}$$

式(1-9)说明气体流速与截面面积成反比。

1.2.3　伯努利方程式

伯努利方程式是能量守恒定律在流体力学中的具体应用，在理想流体的稳定流动中，欧拉运动微分方程为

$$\mathrm{d}p + \rho g \mathrm{d}z + \rho \mathrm{d}(u^2/2) = 0 \tag{1-10}$$

对于不可压缩的理想流体，ρ = 常数，则有 $\mathrm{d}(p + \rho gz + \rho u^2/2) = 0$。

积分得到

$$p + \rho gz + \rho u^2/2 = 常数 \tag{1-11}$$

式中　p——单位体积流体所具有的压力能，在数值上等于流体静压强，通常称之为静压头，$\mathrm{J/m^3}$ 或 Pa；

ρgz——单位体积流体所具有的位能，通常称之为几何压头，$\mathrm{J/m^3}$ 或 Pa；

$\rho u^2/2$——单位体积流体所具有的动能，通常称之为动压头，$\mathrm{J/m^3}$ 或 Pa。

对于同一流线上的 1、2 两点，伯努利方程式可表示为

$$p_1 + \rho g z_1 + \rho u_1^2/2 = p_2 + \rho g z_2 + \rho u_2^2/2 \tag{1-12}$$

若考虑流体在流动过程中因摩擦、冲击而消耗部分能量，列出伯努利方程式时必须考虑能量损失，1－2 处的伯努利方程式为

$$p_1 + \rho g z_1 + \rho u_1^2/2 = p_2 + \rho g z_2 + \rho u_2^2/2 + h_{l1-2} \tag{1-13}$$

式中　h_{l1-2}——单位体积流体在流动过程中的能量损失，称为压头损失，$\mathrm{J/m^3}$ 或 Pa。

上述伯努利方程式只适用于流体微小流束，在工程上需要研究适用于总流的伯努利方程式。对于均匀流断面，在该断面上各流线的 $p + \rho gz$ 为常数，即任

取截面某点处的压强 p 和高度 z，所得几何压头与静压头之和就代表了整个截面的平均值，但由于平均流速计算的动压头与各流线动压头的平均值不等，为此应该引入修正系数 a：

$$\overline{\frac{\rho u^2}{2}} = a\frac{\rho \overline{u}^2}{2}\overline{u} \tag{1-14}$$

式中 $\overline{\frac{\rho u^2}{2}}$——流体流经某截面的平均动压头，$J/m^3$；

$\overline{u}$——流体流经某截面的平均流速，m/s；

a——修正系数，$a=2$(圆管层流)或 $a=1.03\sim1.1$(圆管湍流)。

则实际流体由Ⅰ—Ⅰ截面流至Ⅱ—Ⅱ截面时总流的伯努利方程式可表示为

$$p_1+\rho g z_1+a_1\overline{\frac{\rho u_1^2}{2}}=p_2+\rho g z_2+a_2\overline{\frac{\rho u_2^2}{2}}+h_{l1-2} \tag{1-15}$$

在工程计算中，气体在管内流动多属湍流，a 值近似为1。

流体运动沿程流量不变，当流体出现支流时，如图1-3，按照总能量的守恒与转化规律，即 $qv_1=qv_2+qv_3$ 列出三个截面的能量方程式为

$$qv_1(p_1+\rho g z_1+\rho u_1^2/2)=qv_2(p_2+\rho g z_2+\rho u_2^2/2+h_{l1-2})+ qv_3(p_3+\rho g z_3+\rho u_3^2/2+h_{l1-3})$$

式中 qv_1、qv_2、qv_3——分别为流经Ⅰ—Ⅰ，Ⅱ—Ⅱ，Ⅲ—Ⅲ截面流体的体积流量，m^3/s。

［**例1-3**］ 如图1-3所示，风机吸入口直径为200 mm，压力测量计测得水柱高度为40 mm，空气密度为1.2 kg/m^3，不计气体流动过程的能量损失，求风机的风量？

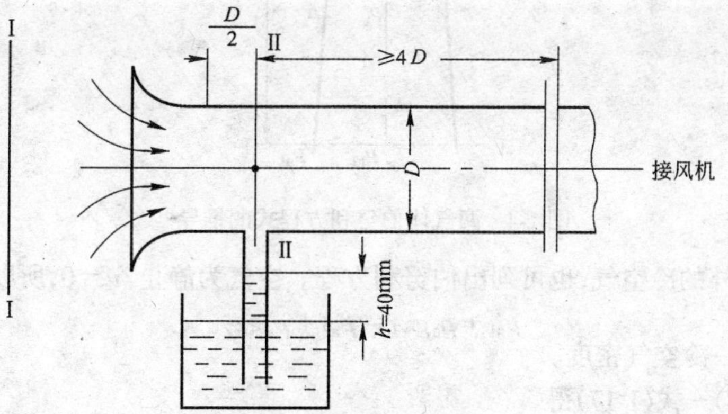

图1-3 例1-3附图

解 选取图1-3中Ⅰ－Ⅰ、Ⅱ－Ⅱ截面，列出伯努利方程式

$$p_1 + \rho g z_1 + \rho u_1^2/2 = p_2 + \rho g z_2 + \rho u_2^2/2 + h_{l1-2}$$

因Ⅰ－Ⅰ、Ⅱ－Ⅱ截面处于同一高度，有 $z_1 = z_2$；空气静止 $u_1 = 0$；不计压头损失，$h_{l1-2} = 0$，得到 $p_1 = p_2 + \rho u_2^2/2$。

因为 p_1 为大气压强，$p_2 = p_1 - 40 \times 9.81 = p_1 - 392.4$，所以有 $\rho u_2^2/2 = 392.4$，$u_2 = (392.4 \times 2/1.2)^{1/2} = 25.6(\mathrm{m/s})$。

流量 $qv = uF = 25.6 \times (\pi/4) \times 0.2^2 = 0.804\ (\mathrm{m^3/s})$。

1.2.4　两气体的伯努利方程

窑炉系统中充满了热气体，周围为冷空气，二者又相互连通，冷空气对热气体所产生的浮力必然影响窑炉内气体的运动，为此需推导出适合于冷热两种气体同时存在，而又反映它们之间相互作用的伯努利方程式，该方程式简称为两气体伯努利方程式。

1.2.4.1　两气体伯努利方程式的推导

对容器内的热气体，如图1-4所示，列出Ⅰ—Ⅰ、Ⅱ—Ⅱ两截面的伯努利方程：

$$p_{h1} + \rho_h g z_1 + \rho_h u_1^2/2 = p_{h2} + \rho_h g z_2 + \rho_h u_2^2/2 + h_{l1-2} \tag{1-16}$$

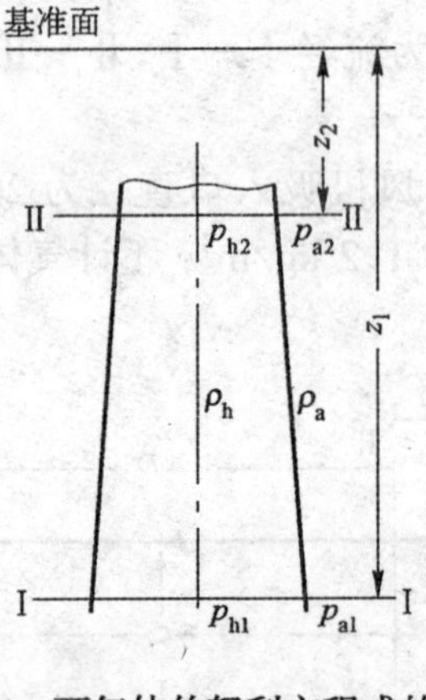

图1-4　两气体伯努利方程式的推导

对容器外的冷空气，也可列出伯努利方程。空气为静止，$u = 0$，所以

$$p_{a1} + \rho_a g z_1 = p_{a2} + \rho_a g z_2 \tag{1-17}$$

式中　ρ_a——冷空气密度。

式(1-16)－式(1-17)得

$$\begin{aligned}&(p_{h1} - p_{a1}) + g z_1(\rho_h - \rho_a) + \rho_h u_1^2/2 \\ &= (p_{h2} - p_{a2}) + (\rho_h - \rho_a) g z_2 + \rho_h u_2^2/2 + h_{l1-2}\end{aligned} \tag{1-18}$$

容器中为热气体，$(\rho_h-\rho_a)$总是负值，为了计算方便，可将基准面选在上面。根据一般坐标法则，从基准面向下量取时 z 为负值，得 $gz(\rho_a-\rho_h)$。故式(1-18)可表示为

$$
\begin{aligned}
&(p_{h1}-p_{a1})+gz_1(\rho_a-\rho_h)+\rho_h u_1^2/2\\
&=(p_{h2}-p_{a2})+(\rho_a-\rho_h)gz_2+\rho_h u_2^2/2+h_{l1-2}
\end{aligned}
\tag{1-19}
$$

式(1-19)为两气体的伯努利方程式，用符号表示为(压头)

$$h_{s1}+h_{g1}+h_{k1}=h_{s2}+h_{g2}+h_{k2}+h_{l1-2} \tag{1-20}$$

1.2.4.2 压头概念

(1) 相对静压头 h_s。$h_s=p_h-p_a$，表示单位体积气体所具有的相对压力能，在数值上等于容器内外同一高度的压强差，单位为 J/m^3 或 Pa。

(2) 相对几何压头 h_g。$h_g=Hg(\rho_a-\rho_h)$，表示单位体积气体所具有的相对位能，而 $H=|z_1-z_2|$实质上是相对位能，单位为 J/m^3 或 Pa。

(3) 动压头 h_k。$h_k=\rho_h u^2/2$，表示单位体积气体所具有的动能，单位为 J/m^3 或 Pa。

(4) 压头损失 h_l。表示单位体积气体流动时的能量损失，它包括摩擦阻力损失、局部阻力损失和其他阻力损失。

1.2.4.3 各压头之间的相互转换

热气体在垂直管道中运动，当其运动方向不同时，由于几何压头所起的作用不同，致使压头间的相互转换关系也不同。

如图 1-5 所示，当热气体由上向下运动时，气体在管道内由Ⅱ—Ⅱ截面向Ⅰ—Ⅰ截面流动的伯努利方程式为

$$h_{s2}+h_{g2}+h_{k2}=h_{s1}+h_{g1}+h_{k1}+h_{l2-1} \tag{1-21}$$

由于管道截面未发生变化，动压头不变，$h_{k2}=h_{k1}$；又因基准面取在Ⅱ—Ⅱ截面上，$h_{g2}=0$，所以

$$h_{s2}=h_{s1}+h_{g1}+h_{l2-1} \tag{1-22}$$

当热气体由下向上运动时，气体在管道内由Ⅰ—Ⅰ截面向Ⅱ—Ⅱ截面流动的伯努利方程式为

$$h_{s1}+h_{g1}+h_{k1}=h_{s2}+h_{g2}+h_{k2}+h_{l1-2} \tag{1-23}$$

同样有 $h_{k1}=h_{k2}$，$h_{g2}=0$，所以 $h_{s1}+h_{g1}=h_{s2}+h_{l1-2}$。

当热气体由下向上运动时，所具有的几何压头能够用于克服阻力，对气体运动起推动作用。

从以上可以看出，当热气体由上往下运动时，动压头转变为压头损失，部分

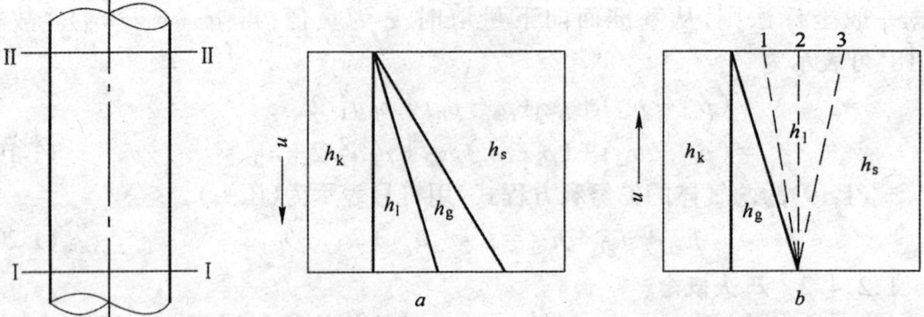

图 1-5　热气体在垂直管道中运动时压头间的相互转换

a—由上向下运动；*b*—由下向上运动

静压头转变为动压头，使动压头保持不变。同时部分静压头又转变为几何压头，最后使Ⅰ—Ⅰ面静压头减少。各压头之间转换关系如图 1-6 所示。

注意：动压头转换为压头损失是不可逆的。

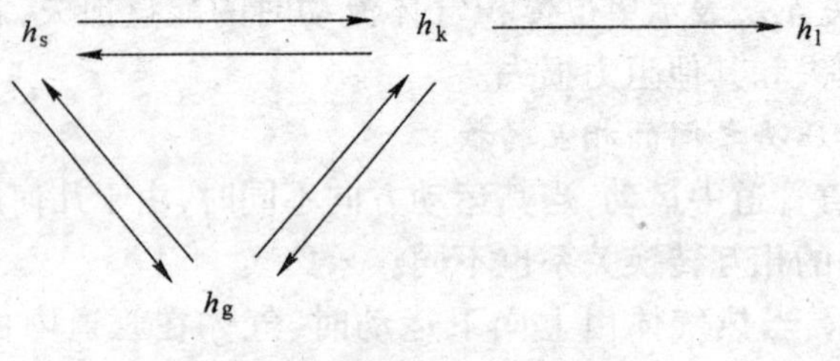

图 1-6　动压头之间的转换

［**例 1-4**］　如图 1-7 所示的倒焰窑，高 3.2 m，窑内烟气温度为 1200℃，烟气标准状态的密度 $\rho_{f,0}=1.3\ kg/m^3$，外界空气温度 20℃，空气标准状态密度 $\rho_{a,0}=1.293\ kg/m^3$，当窑底平面的静压头为 0，－17，－30 Pa 时，不计流体阻力损失，求三种情况下窑顶以下空间静压头、几何压头分布状况。

解　根据题意分析，由于窑炉空间气体流速不大，可近似采用两气体静力学方程式进行计算。选择截面如图 1-7 所示，基准面选择在窑顶Ⅱ—Ⅱ截面上。

列出静力学方程式为

$$h_{s1}+h_{g1}=h_{s2}+h_{g2}$$

由于基准面取在截面Ⅱ—Ⅱ上，$h_{g2}=0$

代入具体公式进行计算：

$$\rho_a=\rho_{a,0}\cdot T_0/T \doteq 1.293\times 273/293=1.20(kg/m^3)$$

$$\rho_f = \rho_{f,0} \cdot T_0 / T = 1.30 \times 273/1473 = 0.24(\text{kg/m}^3)$$

$$h_{g1} = Hg(\rho_a - \rho_f) = 3.2 \times 9.81 \times (1.20 - 0.24) = 30(\text{Pa})$$

式中　H——高度。

当 $h_{s1} = 0$ 时，$h_{s2} = h_{g1} = 30$ (Pa)；

当 $h_{s1} = -17$ Pa 时，$h_{s2} = -17 + 30 = 13$ (Pa)；

当 $h_{s1} = -30$ Pa 时，$h_{s2} = -30 + 30 = 0$。

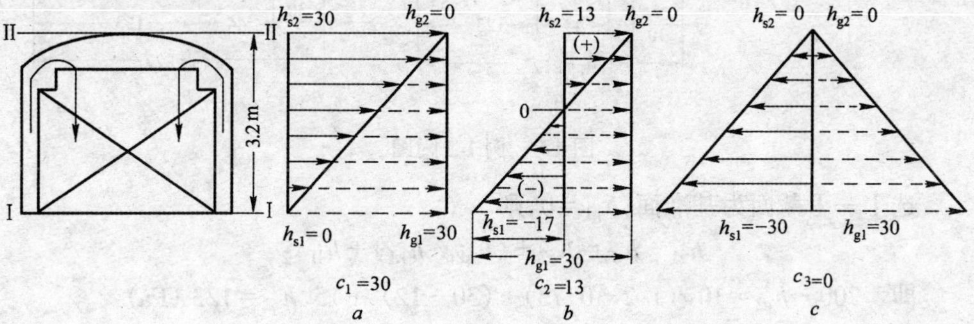

图 1-7　例 1-4 附图

在第一种情况下（$h_{s1} = 0$），窑炉空间的静压头、几何压头分布如图 1-7*a* 所示，其能量总和 c_1 为 $h_s + h_g = c_1 = 30$ (Pa)。

在第二种情况下（$h_{s1} = -17$ Pa），窑炉空间的静压头、几何压头分布如图 1-7*b* 所示，其能量总和 c_2 为 $h_s + h_g = c_2 = 13$ (Pa)。

在第三种情况下（$h_{s1} = -30$ Pa），窑炉空间的静压头、几何压头分布如图 1-7*c* 所示，其能量总和 c_3 为 $h_s + h_g = c_3 = 0$。

讨论分析：

(1) 沿着窑炉高度，静压头、几何压头相互转变，但在每一种情况下各截面的能量总和 c 不变。

(2) 当窑底为零压时，全窑为正压，而且距离窑底愈高，正压愈大；当窑炉空间某处为零压时，上部为正压，下部为负压；当窑炉顶部为零压时，全窑为负压。

［例 1-5］　热气体沿竖直管道流动，如图 1-8 所示，其密度 $\rho_h = 0.75$ kg/m^3，外界空气密度为 1.2 kg/m^3，Ⅰ—Ⅰ截面动压头为 12 Pa，Ⅱ—Ⅱ截面动压头为 30 Pa，沿程压头损失 15 Pa，Ⅰ—Ⅰ截面相对静压头为 200 Pa，求热气体由上而下运动和由下而上运动时Ⅱ—Ⅱ截面的相对静压头为多少？绘出两种情况的能量分布图。

解　热气体由上而下流动时

$$h_{s1} + h_{g1} + h_{k1} = h_{s2} + h_{g2} + h_{k2} + h_{l1-2}$$

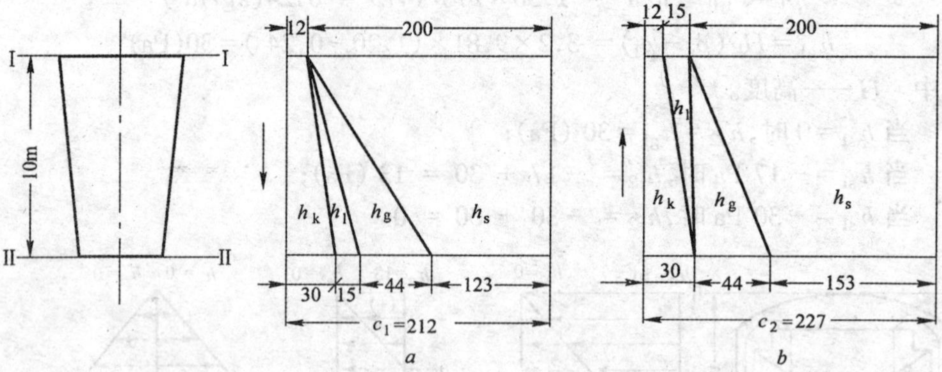

图 1-8 例 1-5 附图

选Ⅰ—Ⅰ截面为基准面，$h_{g1}=0$，则

$$h_{s1}-h_{s2}=h_{g2}+(h_{k2}-h_{k1})+h_{l1-2}$$

即 $200-h_{s2}=10g(1.2-0.75)+(30-12)+15, h_{s2}=123\ (\mathrm{Pa})$

其压头能量转换关系为(如图 1-8*a* 所示)：

$$\begin{array}{l} h_s \rightarrow h_k \rightarrow h_l \\ \downarrow \\ h_g \end{array}$$

热气体由下而上流动时

$$h_{s2}+h_{g2}+h_{k2}=h_{s1}+h_{g1}+h_{k1}+h_{l2-1}$$

选Ⅰ—Ⅰ截面为基准面，$h_{g1}=0$，则

$$h_{s1}-h_{s2}=h_{g2}+(h_{k2}-h_{k1})-h_{l2-1}$$

即 $200-h_{s2}=10g(1.2-0.75)+(30-12)-15, h_{s2}=153\ (\mathrm{Pa})$

其压头能量转换关系为(如图 1-8*b* 所示)：

$$\begin{array}{l} h_k \rightarrow h_l \\ \downarrow \\ h_g \rightarrow h_s \end{array}$$

1.3 气体运动过程中的阻力

气体在运动过程中可能会遇到各种阻力而产生能量损失，如由于气体沿固体壁面运动而引起的摩擦阻力，也可以是气体运动时遇到局部障碍，气流方向和速度突变引起的局部阻力。同时，在窑炉中还会有一些特殊的阻力，如气体通过制品堆垛的阻力，通过燃烧室、散料层的阻力，以及气体通过换热器管束的阻力等。

1.3.1 摩擦阻力

气体在管道内流动,由于管壁的摩擦作用以及气体内部的摩擦作用,形成了管道对气体的摩擦阻力。

摩擦阻力由下式计算:

$$h_{\mathrm{lm}}=l\lambda/d\cdot(\rho u^2/2)$$

式中 h_{1m}——摩擦阻力,Pa;

λ——摩擦阻力系数;

l——管道长度,m;

d——管道直径,对非圆形管道取当量直径 d_e;

$\rho u^2/2$——气体动压头,Pa。

气体在直管内做层流流动时,摩擦阻力系数 $\lambda=64/Re$,Re 为雷诺数;气体做湍流流动时,摩擦阻力系数不仅与 Re 有关,还与管壁粗糙度有关,$\lambda=A/Re^n$(其中,A 是系数,n 是指数)。

对于光滑的金属管道,$A=0.32$,$n=0.25$;表面粗糙的金属管道,$A=0.129$,$n=0.12$;砖砌管道,$A=0.175$,$n=0.12$。

在一般的工程计算时,λ 值可近似选取:光滑的金属管道,$\lambda=0.02\sim0.025$;氧化的金属管道,$\lambda=0.035\sim0.04$;砖砌管道,$\lambda=0.05\sim0.06$。

1.3.2 局部阻力

当气体管道发生局部变形,如扩张、收缩、拐弯、通道设闸板等障碍时,气流速度与方向均会发生变化,局部阻力 h_{lj}计算式为

$$h_{\mathrm{lj}}=K(\rho u^2/2) \tag{1-24}$$

式中 K——局部阻力系数,取决于局部阻力性质(障碍形状与尺寸)。

1.3.3 气体通过散料层的阻力

块状或粒状固体物料堆积所组成的物料层叫做散料层。如燃烧室、煤气发生炉的煤层及竖窑中物料与燃料堆积的料层都属于散料层。

在散料层中,料块形状、尺寸各不相同,所形成的孔隙小且形状不规则,气体通过时其流速、方向都要发生变化,因此气体通过散料层的阻力难以计算。

但在进行散料层阻力计算时,可以把气体在散料层中的流动,看成是在若干不规则的孔隙通道中的流动,仍可采用计算摩擦阻力的基本公式,但气体通过孔隙通道的流速和孔隙的当量直径难以确定,为此还需结合散料层的特点进行变换。

1.3.3.1　固体颗粒的有关参数

(1) 平均直径 d_m

在散料层中，固体颗粒的大小不可能均匀，因此就要采用平均粒径的概念。采用筛分法求平均粒径 d_m 的公式为

$$d_m = \frac{1}{\sum_{i=1}^{n} \frac{x_i}{d_i}} \tag{1-25}$$

式中　d_m——平均粒径，m；

d_i——某两筛孔的平均直径，m；

x_i——该平均直径的颗粒质量占总质量的分数，也称质量分数。

(2) 物料堆积孔隙率 ε

孔隙体积 V_0 与总体积 V 之比，称为物料孔隙率。

$$\varepsilon = V_0/V = (V - V_s)/V$$

式中　ε——物料孔隙率；

V_0——颗粒堆积孔隙体积，m^3；

V_s——颗粒的真实体积，m^3；

V——颗粒堆积的总体积，m^3。

(3) 球形度 φ

颗粒状物料呈不规则的复杂形状，某颗粒与直径为 d 的球具有相同的体积时，颗粒表面积与等体积球的表面积不同，其差别可用球形度 φ 表示：

$$\varphi = (\text{球体表面积/颗粒表面积})_{\text{等体积}}$$

当颗粒为球形时，$\varphi = 1$；颗粒为任何其他复杂形状时，则 $0 < \varphi < 1$。

(4) 比表面积 a

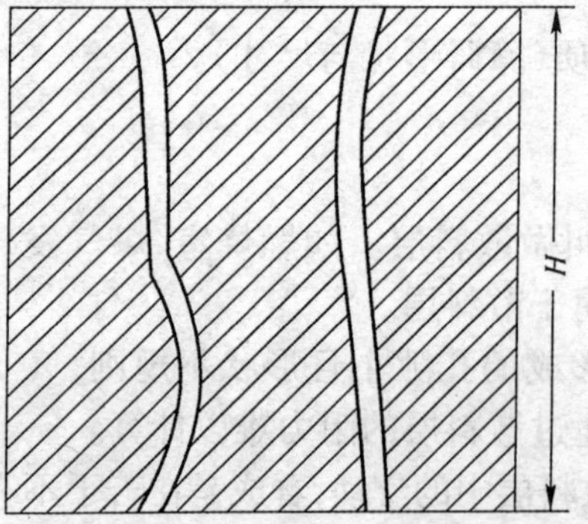

图 1-9　料层孔隙当量直径的推导

对于单一颗粒的比表面积 a' 可表示为：a' = 颗粒表面积/颗粒体积 = $(\pi d^2/\varphi)/(\pi d^3/6) = 6/(\varphi d)$；对于料层，比表面积 a 表示为：a = 料层颗粒总表面积/料层体积。

当料层颗粒数目为 n 时，总的表面积为 $n \cdot \pi d_m^2/\varphi$；则颗粒总体积 = 料层体积 − 孔隙总体积，即 $n \cdot \pi d_m^3/6 = V(1-\varepsilon)$，则 $a = 6(1-\varepsilon)/(\varphi d_m)$。

(5) 料层孔隙当量直径 d_e

按照当量直径的定义，$d_e = 4 \times$ 通道截面面积/通道浸润周边长，如图 1-9 所示。

料层高度为 H,料层孔隙通道截面积为 f,长度为 l, $l=kH$,长度系数 $k>1$,孔隙通道周边长为 s。故

$$d_e=\left(4\sum f_i\right)/\left(\sum s_i\right)$$

其中 $i=1,2,\cdots,n$; 分子、分母同时乘以通道长度 l,则有

$$d_e=\left(4\sum f_i l_i\right)/\left(\sum s_i l_i\right)$$

式中　$\sum f_i l_i=V\varepsilon$,料层孔隙的体积;

$\sum s_i l_i=Va$,料层孔隙的表面积。

代入上式并简化得到: $d_e=(4V\varepsilon)/(Va)=4\varepsilon/a=2\varepsilon\varphi d_m/3(1-\varepsilon)$

1.3.3.2　料层阻力损失的计算

气体通过散料层流动阻力损失 $h_{ls}=\lambda_0 H/d_e\cdot(\rho u_0^2/2)$

式中　λ_0——气体通过孔隙通道流动的阻力系数;

H——料层高度;

d_e——孔隙当量直径;

u_0——气体通过孔隙流动的流速。

当气体通过料层流动时,流速难以确定。为此需要换算成空窑速度,即气体流量 v 除以窑的横截面面积 F。

$$u=v/F$$

$$u_0=v/F_0 \tag{1-26}$$

式中　F_0——孔隙截面面积, $F_0=F\varepsilon$;

u_0——以空窑速度表示的通过孔隙的气体流速, $u_0=u/\varepsilon$。

考虑到阻力系数,以及其与气流的雷诺数之间的一系列计算,经计算简化整理得到:

$$h_{ls}=\lambda^*\cdot(9/4)\cdot(H/d_m)\cdot[(1-\varepsilon)^2/(\varepsilon^3\varphi^2)]\cdot(\rho u^2/2) \tag{1-27}$$

式中　H——料层高度,m;

u——空窑速度,m/s;

λ^*——修正阻力系数;

ε——物料堆积孔隙率;

φ——球形度;

d_m——颗粒平均尺寸,m。

由式(1-27)可以看出:料层高度越高,阻力损失越大;料块尺寸加大,阻力损失减小;气流速度增加,阻力损失增加;气流温度增高,实际流速增加,阻力损失也随着增加。简单的表示为: $H\uparrow$, $u\uparrow$, $T(u)\uparrow\rightarrow h_{ls}\uparrow$; $\varphi\uparrow$, $d_m\uparrow\rightarrow h_{ls}\downarrow$。

1.3.4　气体通过管束的阻力

气体横向通过管束的阻力损失

$$h_{lg} = K_g \cdot (\rho u^2 / 2)$$

式中　u——气体在管束内的流速，m/s；

K_g——整个管束的阻力系数。

对顺排式的管束（如图 1-10 所示）：

当 $Re \geqslant 5 \times 10^4$ 时

$$K_g = ns\alpha / b + \beta$$

式中　K_g——整个管束的阻力系数；

n——沿气流方向的管子排数；

s——沿气流方向的管子的中心距，m；

α、β——实验常数，$\alpha = 0.028(b/\delta)^2$，$\beta = (b/\delta - 1)^2$。

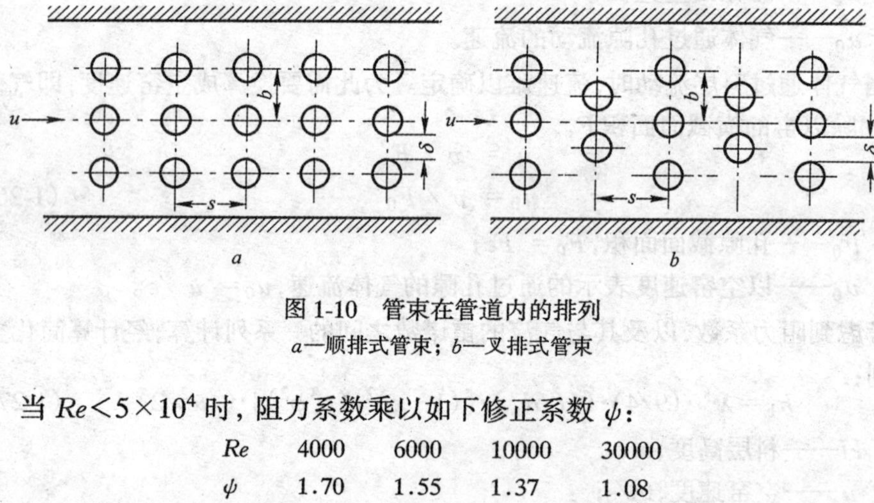

图 1-10　管束在管道内的排列

a—顺排式管束；*b*—叉排式管束

当 $Re < 5 \times 10^4$ 时，阻力系数乘以如下修正系数 ψ：

Re	4000	6000	10000	30000
ψ	1.70	1.55	1.37	1.08

对于叉排式的管束，当 $Re \geqslant 5 \times 10^4$ 时，$K'_g = (0.8 \sim 0.9) K_g$。

当 $Re < 5 \times 10^4$ 时，修正系数 ψ' 为：

Re	4000	6000	10000	30000
ψ'	1.40	1.32	1.22	1.05

1.4　气体的逸出

1.4.1　不可压缩气体通过孔口、管嘴逸出

当气体由一个较大空间突然经过一个较小孔口向外逸出时，如图 1-11 所示，气流发生收缩，称为缩流。缩流系数 ε 为气流最小截面 f_2 与小孔截面 f 的比值，$\varepsilon = f_2/f$。

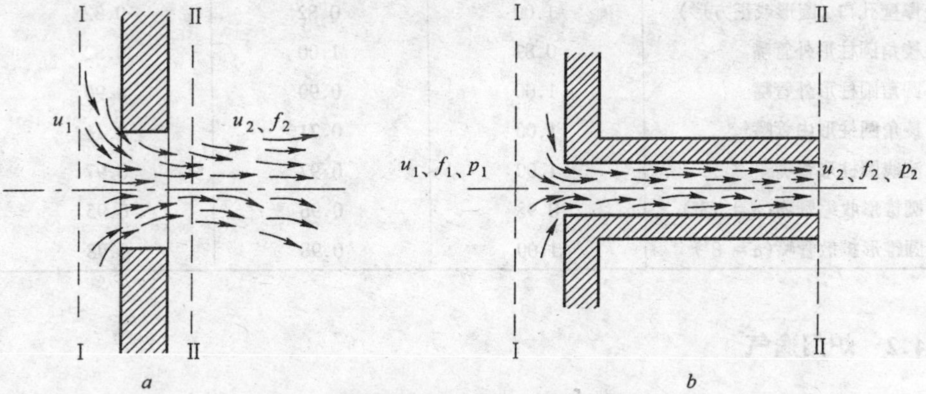

图 1-11　气体通过孔口、管嘴的逸出

a—薄墙小孔；*b*—管嘴

选取Ⅰ—Ⅰ截面在窑内，Ⅱ—Ⅱ截面在气流最小截面处，两截面的几何压头不发生变化，假定气体流动时没有阻力损失，根据伯努利方程：

$$p_1 + \rho u_1^2/2 = p_2 + \rho u_2^2/2$$

因为 $f_1 \gg f_2, u_1 \ll u_2, p_2 = p_0$，

故可写成

$$u_2 = [2(p_1 - p_0)/\rho]^{1/2} \tag{1-28}$$

式中　$p_1 - p_0$——距窑底高为 H 处的内、外静压强之差。

若考虑能量损失，加入速度系数 φ，

$$V = f_2 u_2 = f_2 u_2' = \varepsilon f \cdot \varphi u_2 = \mu f u_2 \tag{1-29}$$

式中　μ——流量系数，$\mu = \varepsilon\varphi$。

考虑内外静压差，$p_1 - p_0 = gH(\rho_a - \rho)$，则：

$$V = \mu f[2gH(\rho_a - \rho)/\rho]^{1/2} \tag{1-30}$$

式中　p_1、p_2——分别表示Ⅰ—Ⅰ、Ⅱ—Ⅱ截面的压强，Pa；

u_1、u_2——分别表示Ⅰ—Ⅰ、Ⅱ—Ⅱ截面的气体流速,m/s;

ρ——窑内气体密度,kg/m^3;

p_0——大气压强,Pa。

μ,ε,φ 的取值列于表1-2。

表1-2　气体通过孔口、管嘴的系数

孔嘴类型	ε	φ	μ
薄壁孔口(圆形或正方形)	0.64	0.97	0.62
厚壁孔口(圆形或正方形)	1.00	0.82	0.82
棱角圆柱形外管嘴	0.82	1.00	0.82
圆角圆柱形外管嘴	1.00	0.90	0.90
棱角圆柱形内管嘴	1.00	0.71	0.71
流线圆柱形管嘴	1.00	0.97	0.97
圆锥形收缩管嘴($\alpha=13°$)	0.98	0.96	0.95
圆锥形扩散管嘴($\alpha=8°$)	1.00	0.98	0.98

1.4.2　炉门逸气

炉门开启后会有热气体由炉内逸出,炉门逸气量的计算原理和气体从小孔流出的相同,但小孔直径一般都很小,可以认为沿小孔高度气体的静压头不变,而炉门垂直高度一般都比较大,则必须考虑沿炉门高度的静压头变化。

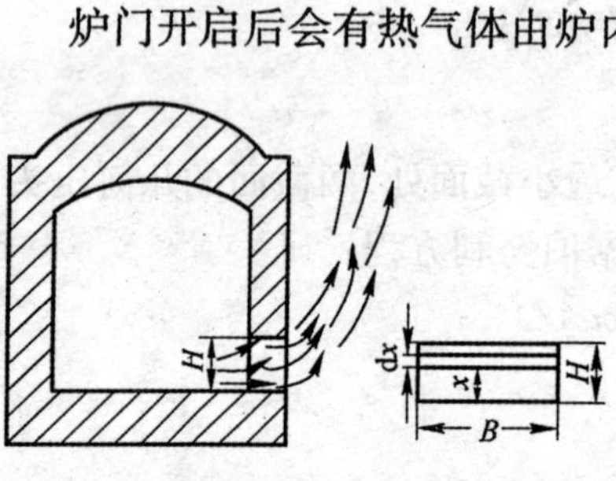

图1-12　炉门逸气

气体由炉门逸出时,压强沿高度变化,先计算单元面积的逸气量,再以炉门高度为限进行积分。设炉门宽度为 B,高度为 H,如图1-12所示。

在距窑底 x 处取一单元,$\mathrm{d}f=B\mathrm{d}x$,单位时间通过单元面积的气体流量为

$$\mathrm{d}V=\mu\mathrm{d}f[2gx(\rho_a-\rho)/\rho]^{1/2}=\mu B[2gx(\rho_a-\rho)/\rho]^{1/2}\mathrm{d}x$$

单位时间通过炉门的总逸气量 V:

$$\int_0^V \mathrm{d}V=\mu B[2g(\rho_a-\rho)/\rho]^{1/2}\int_0^H x^{1/2}\mathrm{d}x$$

$$V=\frac{2}{3}\cdot\mu BH[2gH(\rho_a-\rho)/\rho]^{1/2}$$

1.5 可压缩气体的流动

当气体的流速相对于音速很小时,其密度的相对变化也不大,可近似将气体看作不可压缩流体。但当气体由高压喷射器喷出时,气体喷出的速度达到声速或超声速,气体密度将发生显著变化,此时必须考虑气体的压缩性。对于可压缩气体的流动,可近似按一元流动处理,即动力学参数和热力学参数,除了随时间变化外,仅沿流动方向有显著变化。对于稳定流动,则运动参数只是流动方向坐标的函数。

1.5.1 一元稳定流动的伯努利方程式

一元稳定流动的伯努利方程式为

$$dp + \rho g dz + \rho d(u^2/2) = 0 \tag{1-31}$$

式中 $\rho g dz$——气体几何压头的变化,在气体静压头和流速变化不大时可忽略不计。

则式(1-31)表示为

$$dp/\rho + d(u^2/2) = 0$$

积分得

$$\int dp/\rho + u^2/2 = C_1(C_1\text{ 为积分常数}) \tag{1-32}$$

对压缩气体,可根据气体状态的变化过程来确定 p 与 ρ 之间的函数关系。在绝热过程中,p 与 ρ 的关系为

$$p/\rho^\gamma = C(C\text{ 为常数})$$

式中 γ——绝热指数,单原子气体,$\gamma = 1.66$;双原子气体(空气),$\gamma = 1.4$;多原子气体,$\gamma = 1.33$。

将 p 对 ρ 的函数关系代入$\int dp/\rho$,并积分

$$\int dp/\rho = C^{1/\gamma}\int p^{-1/\gamma}dp = p\gamma(\gamma-1)^{-1}\rho^{-1} + C_2(C_2\text{ 为积分常数})$$

代入式(1-32),得

$$p\gamma(\gamma-1)^{-1}\rho^{-1} + u^2/2 = C(C\text{ 为常数}) \tag{1-33a}$$

对于任意的 Ⅰ—Ⅰ、Ⅱ—Ⅱ 两截面,绝热流动的伯努利方程式为:

$$p_1\gamma(\gamma-1)^{-1}\rho_1^{-1} + u_1^2/2 = p_2\gamma(\gamma-1)^{-1}\rho_2^{-1} + u_2^2/2 \tag{1-33b}$$

式(1-33a)和式(1-33b)为绝热流动的伯努利方程式,或全能方程。与不可压缩流体的伯努利方程相比较($p/\rho + u^2/2 = C$),由于绝热变化而使压力能增

加了 $\gamma/(\gamma-1)$倍，也就是多了一项内能项，$U=p(\gamma-1)^{-1}\rho^{-1}$。

理想气体内能（绝热流动中单位质量气体所具有的内能）U 与定容热容 c_V 和温度 T 之间关系为 $U=c_VT$，又由于 $p/\rho=R'T$，$R'=c_p-c_V$，$\gamma=c_p/c_V$（c_V 为定容热容；c_p 为定压热容），所以 $U=c_VT=c_Vp/(\rho R')=(p/\rho)\cdot[c_V/(c_p-c_V)]=p(\gamma-1)^{-1}\rho^{-1}$。

从热力学知识可以知道，压力能与内能之和为焓

$$i=p\gamma(\gamma-1)^{-1}\rho^{-1}=c_pT$$

用焓 i 表示的全能方程为

$$i+u^2/2=C$$

气体处于静止状态时的参数用 $i_0, T_0, u_0=0$ 表示（静止状态下温度为 T_0），则

$$c_pT+u^2/2=c_pT_0$$

[例 1-6] 为获得较高流速的气流，采用将煤气与空气混合的高压气流经喷嘴（如图 1-13 所示）喷出，在 Ⅰ—Ⅰ、Ⅱ—Ⅱ 截面测得高压参数 p_1 为 1176840 Pa，p_2 为 980700 Pa，u_1 为 100 m/s，t_1 为 27℃，求喷嘴出口速度 u_2。

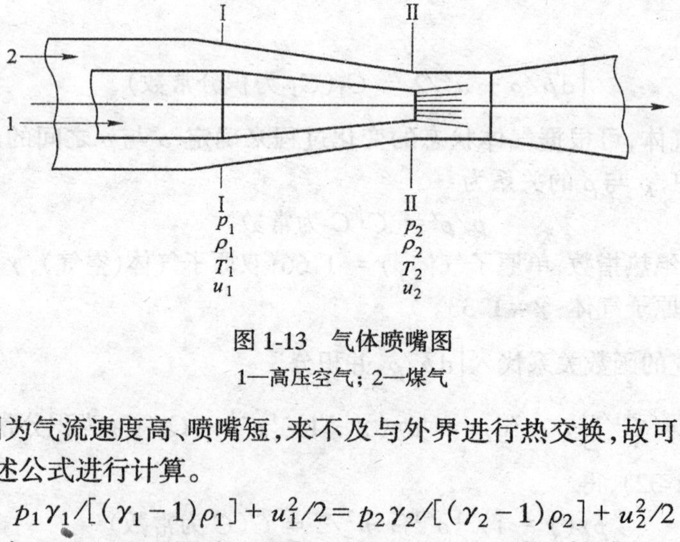

图 1-13　气体喷嘴图

1—高压空气；2—煤气

解　因为气流速度高、喷嘴短，来不及与外界进行热交换，故可视为绝热流动，可按上述公式进行计算。

$$p_1\gamma_1/[(\gamma_1-1)\rho_1]+u_1^2/2=p_2\gamma_2/[(\gamma_2-1)\rho_2]+u_2^2/2$$

对于空气，$\gamma=1.4$，得到 $u_2=[7(p_1/\rho_1-p_2/\rho_2)+u_1^2]^{1/2}$

$$\rho_1=Mp_1/RT_1=29\times1176840/(8314\times300)=13.68\ (\mathrm{kg/m^3})$$

$$\rho_2=\rho_1(p_2/p_1)^{1/\gamma}=13.68\times(980700/1176840)^{1/1.4}=12.01\ (\mathrm{kg/m^3})$$

得到　$u_2=201\ (\mathrm{m/s})$

1.5.2 声速、滞止参数、马赫数

1.5.2.1 声速

物体在可压缩介质中振动时，会引起介质压强和密度的微弱变化，这种微弱扰动在介质中依次传播下去，就是声音的传播过程。声速系指在可压缩介质中微弱扰动的传播速度。声速 $c=(\mathrm{d}p/\mathrm{d}\rho)^{1/2}$，其物理含义是：单位密度改变所需要的压强改变。声速可作为一种表征流体压缩性的指标。

在绝热过程中，$p/\rho^{\gamma}=C$（常数），$\mathrm{d}p/\mathrm{d}\rho=\gamma p/\rho=\gamma RT/M$，则绝热过程的声速 $c=(\gamma p/\rho)^{1/2}=(\gamma RT/M)^{1/2}$。例如在海平面上，15℃时空气的绝热声速 $c=(1.4\times8314\times288/29)^{1/2}=340$ m/s。

1.5.2.2 滞止参数

介质处于静止或滞止时，其速度 $u=0$ 时的参数称为滞止参数，如 p_0,ρ_0,T_0,u_0,c_0 等。容器所连接的管道上的任意截面参数以 p,ρ,T,u,c 表示。

$$c_0^2/(\gamma-1)=c^2/(\gamma-1)+u^2/2$$

式中 c_0——滞止声速；

c——流动介质声速，或当地声速。气流中声速的大小取决于气流速度，当气流速度沿流动方向增大时，当地声速减小。

1.5.2.3 马赫数

马赫数(Ma)将影响压缩效果的气流速度 u 和当地声速 c 联系起来，取 u 与 c 的比值，$\mathrm{Ma}=u/c$。

$\mathrm{Ma}>1,u>c$，超声速流动；

$\mathrm{Ma}=1,u=c$，等声速流动；

$\mathrm{Ma}<1,u<c$，亚声速流动。

1.5.3 流速与断面的关系

由连续性方程式 $\rho uA=c$（常数），取对数并微分，

$$\mathrm{d}\rho/\rho+\mathrm{d}u/u+\mathrm{d}A/A=0$$

根据 $c^2=\mathrm{d}p/\mathrm{d}\rho$ 及 $c^2=u^2/\mathrm{Ma}^2$ 及伯努利方程 $\mathrm{d}p/\rho=-u\mathrm{d}u$，整理可得

$$\frac{1}{A}\cdot\mathrm{d}A=(\mathrm{Ma}^2-1)\cdot\frac{1}{u}\cdot\mathrm{d}u$$

上式表明可压缩气体的流动速度与断面的关系，得到以下结论：

(1) 当 $\mathrm{Ma}<1,u<c,(\mathrm{Ma}^2-1)<0$ 时，$\mathrm{d}A$ 与 $\mathrm{d}u$ 符号相反。气体做亚音速流动时，流速与断面成反比，与不可压缩流体运动规律一致。

(2) 当 Ma>1, $u>c$, $(Ma^2-1)>0$ 时, dA 与 du 符号相同。流速与断面成正比,其原因是由于超音速流体密度变化大于速度变化。

(3) 当 Ma=1, $u=c$ 时,必有 $dA=0$, 此时断面 A 称为临界断面 A_e,为最小断面。在临界断面上,气流速度等于当地声速 c_e,还可称为临界速度 u_e。

由以上分析可知,在初始断面为亚音速的气流经过收缩管嘴(如图 1-14a 所示),收缩管嘴难以获得超音速气流,因为不可能出现 $dA=0$ 的最小断面。而拉伐尔管可以达到超音速,其结构与特性如图 1-14b, c 所示,亚音速气流在收缩管嘴的最小断面处达到声速,然后再进入扩张管,满足气流的进一步膨胀,获得超音速气流。

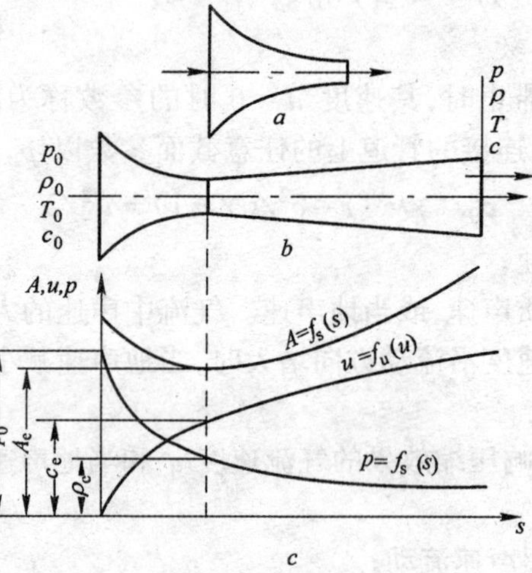

图 1-14　收缩管嘴与拉伐尔管

a—收缩管嘴; b—拉伐尔管; c—拉伐尔管 p, u, A 变化特征

1.5.4　可压缩气体经收缩管嘴的流动

气体由容器中经收缩管嘴流出(如图 1-15 所示),容器尺寸较大,故可认为速度 $u_0=0$,列出两截面的绝热伯努利方程:

$$p_0\gamma/[(\gamma-1)\rho_0] = p\gamma/[(\gamma-1)\rho]+u^2/2$$

根据 $p/\rho^\gamma=C$, $\rho_0/\rho=(p_0/p)^{1/\gamma}$; $\beta=p/p_0$

$$u=\{[2\gamma/(\gamma-1)]\cdot(p_0/\rho_0)\cdot[1-(p/p_0)^{(\gamma-1)/\gamma}]\}^{1/2}$$

$$=\{[2\gamma/(\gamma-1)]\cdot(p_0/\rho_0)\cdot[1-\beta^{(\gamma-1)/\gamma}]\}^{1/2} \tag{1-34}$$

计算气体由收缩管嘴流出的流量,根据质量流量 $m=\rho uA$,得到

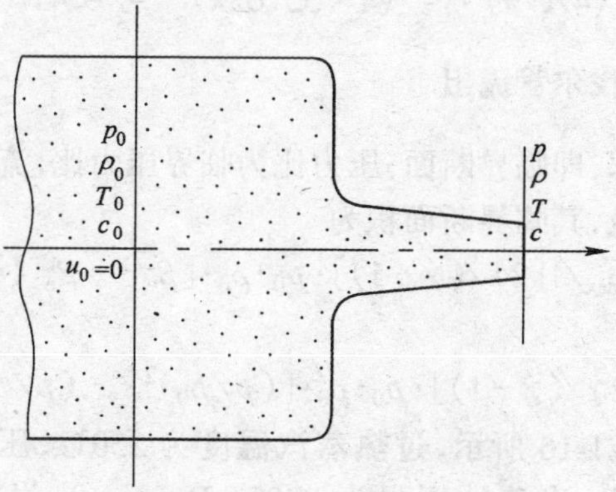

图 1-15 高压气体经收缩管嘴逸出

$$m = A\{[2\gamma/(\gamma-1)]\cdot p_0\cdot \rho_0\cdot[\beta^{2/\gamma}-\beta^{(\gamma+1)/\gamma}]\}^{1/2}$$
$$= A\{[2\gamma/(\gamma-1)]\cdot p_0\cdot \rho_0\cdot[(p/p_0)^{2/\gamma}-(p/p_0)^{(\gamma+1)/\gamma}]\}^{1/2} \tag{1-35}$$

当 $p=p_0, \beta=1$ 时，$u=0$，$m=0$，容器内外压强相等，不能产生流动。

当 $p<p_0, \beta<1$ 时，m 可达到极值，$\mathrm{d}m/\mathrm{d}\beta = \mathrm{d}(\beta^{2/\gamma}-\beta^{(\gamma+1)/\gamma})/\mathrm{d}\beta = 0$

$$\beta_e = [2/(\gamma+1)]^{\gamma/(\gamma-1)}$$

式中 β_e——临界压力比，$\beta_e = p_e/p_0$。

对双原子气体（空气），$\gamma = 1.4$，$\beta_e = 0.528$；对过热蒸汽，$\gamma = 1.3$，$\beta_e = 0.546$。

［例 1-7］ 已知压缩空气的压强 p_0 为 490350 Pa(5 at)，反压室压强 p 为 274596 Pa(2.8 at)，压缩空气的温度 T_0 为 288 K，如采用圆形断面喷管，试计算出口流速。当质量流量为 0.065 kg/s 时，计算出口面积为多少？

解 确定压力比 $p/p_0 = 274596/490350 = 0.56 > 0.528$，可知属于亚音速气流。

根据式(1-34)确定出口速度，

$$\rho_0 = Mp_0/(RT_0) = 29\times 490350/(8314\times 288) = 5.94\ (\mathrm{kg/m^3})$$
$$u = \{[2\gamma/(\gamma-1)]\cdot(p_0/\rho_0)\cdot[1-(p/p_0)^{(\gamma-1)/\gamma}]\}^{1/2} = 294\ (\mathrm{m/s})$$

此时，当地声速 $c = (p\gamma/\rho)^{1/2}$，因为 $\rho = \rho_0(p/p_0)^{1/\gamma} = 5.94\times(0.56)^{1/1.4} = 3.93\ \mathrm{kg/m^3}$，所以

$$c = (p\gamma/\rho)^{1/2} = (1.4\times 274596/3.93)^{1/2} = 313\ (\mathrm{m/s})$$

收缩管嘴出口面积为

$$A = m/\{[2\gamma/(\gamma-1)]\cdot p_0\rho_0[(p/p_0)^{2/\gamma}-(p/p_0)^{(\gamma+1)/\gamma}]\}^{1/2} = 5.56\times 10^{-5}(\mathrm{m^2})$$

$$d = (4A/\pi)^{1/2} = (4\times55.6/\pi)^{1/2} = 8.41\ (\mathrm{mm})$$

1.5.5 气体通过拉伐尔管流出

在拉伐尔管喉部,即临界断面,压力比为临界压力比,流速为当地声速,质量流量为最大质量流量,其临界断面积为

$$A_e = m_{max}/\{[2\gamma/(\gamma-1)]\cdot p_0\cdot\rho_0\cdot[\beta_e^{2/\gamma}-\beta_e^{(\gamma+1)/\gamma}]\}^{1/2}$$

出口断面积

$$A = m_{max}/\{[2\gamma/(\gamma-1)]\cdot p_0\cdot\rho_0\cdot[(p/p_0)^{2/\gamma}-(p/p_0)^{(\gamma+1)/\gamma}]\}^{1/2}$$

[例 1-8] 如图 1-16 所示,过热蒸汽温度为 250℃,压强为 980700 Pa(10 at),由拉伐尔管流出,出口处压强为 98070 Pa(1 at),过热蒸气质量流量为 0.0875 kg/s, 计算拉伐尔管临界断面和出口断面直径及其他尺寸。

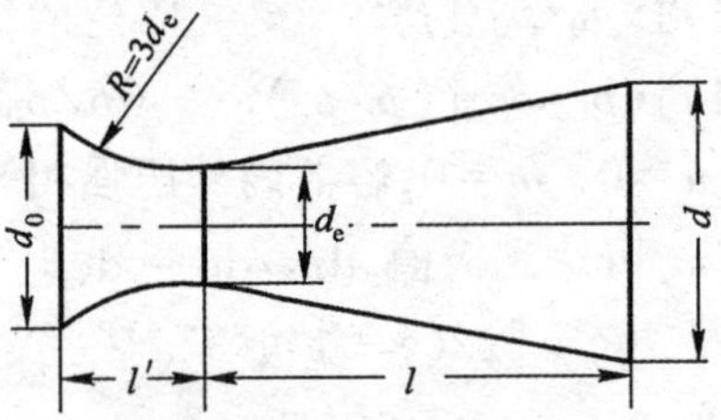

图 1-16 例 1-8 附图

解 对于过热蒸汽,已知其临界压力比为

$$\beta_e = p_e/p_0 = 0.546$$

临界断面压强 $p_e=\beta_e\cdot p_0=0.546\times980700= 0.535$ MPa;大于外界压强,在拉伐尔管喉部可获得声速,在扩张部位可获超音速。

(1) 求临界断面 A_e

$$\gamma=1.33,\ T_0=523\ \mathrm{K},$$

$$\rho_0 = Mp_0/(RT_0) = 18\times980700/(8314\times523) = 4.06\ (\mathrm{kg/m^3})$$

临界断面

$$A_e = m_{max}/\{2\gamma/(\gamma-1)\cdot p_0\cdot\rho_0\cdot[\beta_e^{2/\gamma}-\beta_e^{(\gamma+1)/\gamma}]\}^{1/2} = 6.6\times10^{-5}(\mathrm{m^2})$$

$$d_e = (4A_e/\pi)^{0.5} = 9.2\ (\mathrm{mm})$$

(2) 求出口断面积 A

$$A = m_{max}/\{[2\gamma/(\gamma-1)]\cdot p_0\rho_0[(p/p_0)^{2/\gamma}-(p/p_0)^{(\gamma+1)/\gamma}]\}^{1/2} = 135\ (\mathrm{mm^2})$$

$$d = 13.11\ (\mathrm{mm})$$

(3) 求扩张管的长度 l

由实验测得扩张角 $\alpha = 7° \sim 8°$

$$l = (d - d_e)/2\tan(\alpha/2) = (13.11 - 9.2)/2\tan(8/2) = 31\ (\text{mm})$$

(4) 求收缩管的长度 l'

由收缩角 $\beta = 30° \sim 45°$

$$l' = (d_0 - d_e)/2\tan(\beta/2) = (16 - 9.2)/[2\tan(30/2)] = 14\ (\text{mm})$$

1.6　流股及流股作用下窑内气体运动

1.6.1　自由流股

气体由管内向自由空间喷出后形成自由流股。它满足两个条件:四周静止气体的物理性质与喷出气体完全相同;它在整个流动过程中不受任何表面限制。

1.6.2　相交的自由流股

中心线在同一平面上的两个流股相遇后,由于相互作用,引起流股形状的改变,合并成为一个统一的流股。

1.6.3　限制空间内的气体循环

窑炉空间内的气体循环是保证炉内温度均匀的一个重要措施。限制空间内气体循环的影响因素有:

(1) 限制空间的大小。

(2) 流股喷入口与气流口的相对位置。同侧排气限制空间与异侧排气限制空间的流股情况分别如图 1-17 和图 1-18 所示。喷入口与出口处于同一侧时,将使气流循环加剧,在空间中心部位形成了较大而强烈的循环区,如图1-17 所示。当流股喷入口与出口位置在限制空间两侧时,循环气流发生在流股主段两边,循环区较小,循环减弱,如图 1-18 所示。

图 1-17　同侧排气限制空间流股流动的情况

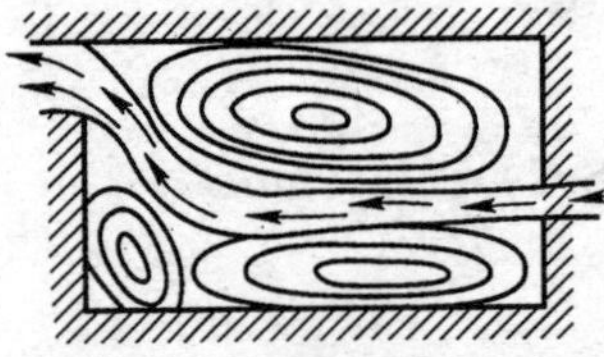

图 1-18　异侧排气限制空间流股流动的情况

(3) 流股的喷出动能和流股与壁面的交角。动能越大,引起的气体循环就越强烈;交角越大,越容易缩小循环区。

在循环气流以外,还出现漩涡区。漩涡区对窑炉的传热影响较大,而且影响窑炉的使用寿命,主要是气流(含固体小颗粒)对窑壁的冲刷,漩涡区中固体颗粒的沉降,耐火材料受到高温下沉积物的侵蚀。此外漩涡区存在加大窑内气流的阻力,所以设计过程中,要避免漩涡区是必要的。

1.7　烟囱、喷射器与流态化原理

1.7.1　烟囱

烟囱的作用是引导窑内气体运动并将废气排出。

1.7.1.1　烟囱底部所需负压的计算

窑炉排烟系统如图 1-19 所示。

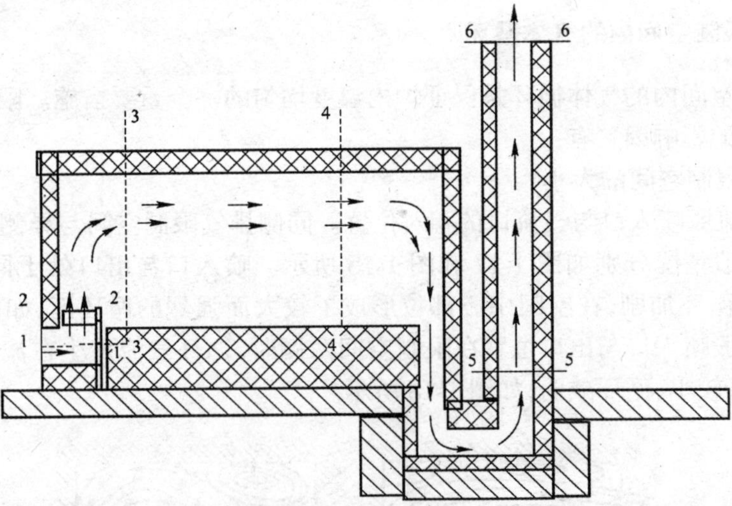

图 1-19　窑炉排烟系统

1—1、2—2 截面:$h_{g2}=0$,

$$h_{s1}+h_{g1}+h_{k1}=h_{s2}+h_{k2}+h_{l1-2}$$

2—2、3—3 截面：$h_{g3}=0, h_{s2}+h_{g2}+h_{k2}=h_{s3}+h_{k3}+h_{l2-3}$

3—3、4—4 截面：$h_{g3}=h_{g4}, h_{s3}+h_{k3}=h_{s4}+h_{k4}+h_{l3-4}$

4—4、5—5 截面：$h_{g4}=0, h_{s4}+h_{k4}=h_{s5}+h_{g5}+h_{k5}+h_{l4-5}$

将上述4式相加，得：$h_{s1}-h_{s5}=h_{k5}-h_{k1}+h_{g5}-h_{g1}-h_{g2}+\sum h_{l1-5}$

将基准面取在6—6截面，其伯努利公式为 $-h_{s5}=h_{g5}-(h_{k6}-h_{k5})-h_{l5-6}$。

由上式可知，烟囱几何压头转变为动压头增量和阻力损失，其余转变为烟囱的负压，以引导窑内气体运动，这就是烟囱工作的基本原理。

1.7.1.2 烟囱计算

(1) 烟囱直径计算

出口直径根据废气排出量和规定的出口速度求得

$$d=(4q_{vn}/\pi u_n)^{1/2} \tag{1-36}$$

式中 d——出口直径，m；

q_{vn}——烟气标态流量，m^3/s；

u_n——规定的烟气出口标准状态流速，m/s。

对于自然通风的窑炉，出口标准状态速度2～4 m^3/s，机械通风时可取8～15 m/s，一般烟囱出口直径为0.8～1.8 m。底部直径为顶部直径的1.3～1.5倍。烟囱估计高度 $H'=25\sim30\ d$。每米温度落差1～2℃。

(2) 烟囱高度计算

烟囱高度为：

$$s=-h_s=Hg(\rho_0-\rho)p/p_0-(\rho/2)\cdot(u_2^2-u_1^2)-\lambda\rho u_m^2/2\cdot(H/d_m) \tag{1-37}$$

式中 s——烟囱底部负压，习惯上称之为抽力，还应考虑1.2～1.3的储备系数；

H——烟囱高度，m；

p——大气压强，Pa；

p_0——标准大气压强，Pa[1]；

ρ、ρ_0——分别为烟气密度和空气密度，kg/m^3；

u_2、u_1——分别为顶部和底部的气体流速，m/s；

λ——烟气流动的摩擦阻力系数，对于烟囱取0.05～0.06；

u_m——平均温度和平均直径下的流速，m/s；

d_m——烟囱的平均直径，m。

---

[1] 1 atm = 101325 Pa。

在进行烟囱计算时,应注意以下几个问题:

(1) 几个窑合用一个烟囱时,烟囱抽力应按几个窑中阻力最大者进行计算,而不是各窑阻力之和。

(2) 燃料消耗量有变化的窑,应按最大燃耗时产生的烟气量进行计算。

(3) 空气密度应按全年最高温度时的空气密度进行计算。

(4) 根据所在地的海拔高度进行气压校正。

(5) 应考虑环境卫生,应将烟气排至高空。

[例 1-9] 经烟囱排出的最大标准状态烟气量 $q_{vn}=12000\ m^3/h$,烟气底部温度为 400℃,该区 7 月份地面平均温度为 27℃,平均气压为 96000 Pa,烟囱底部负压为 130 Pa,计算烟囱直径和高度。

解 取烟气出口标准状态流速 $u_n = 3\ m/s$,

烟囱出口直径 $d = (4q_{vn}/\pi u_n)^{1/2} = [4\times12000/(3600\times3\times3.14159)]^{1/2}$

$= 1.19\ (m)$。

取 $d = 1.2$ m,底部直径 $d' = 1.5d = 1.8\ (m)$。

烟囱底部负压(考虑 30%的储备能力)

$$s = 1.3\times130 = 169(Pa)$$

空气密度 ρ_a

$$\rho_a = 1.293\times273/300 = 1.18\ (kg/m^3)$$

初步确定烟囱高度 H'

$$H' = 26d = 26\times1.2 = 31.2\ (m),取 31\ m$$

烟囱顶部温度 t_2(每米温度落差取为 2℃/m)

$$t_2 = 400 - 2\times31 = 338(℃)$$

烟气平均温度 t_m

$$t_m = (400 + 338)/2 = 369(℃)$$

烟气平均温度下的密度 ρ

$$\rho = 1.3\times(273/642) = 0.55\ (kg/m^3)$$

烟囱顶部烟气实际流速 u_2

$$u_2 = 3\times(611/273) = 6.71\ (m/s)$$

烟囱底部烟气实际流速 u_1

$$u_1 = [12000/(3600\times3.14\times1.8^2/4)]\times(673/273) = 3.23\ (m/s)$$

烟囱平均直径 d_m

$$d_m = (1.2+1.8)/2 = 1.5\ (\text{m})$$

烟囱平均截面积 F_m

$$F_m = 3.14\times(1.5^2/4) = 1.77\ (\text{m}^2)$$

烟气平均流速 u_m

$$u_m = [12000/(3600\times1.77)]\times(642/273) = 4.43\ (\text{m/s})$$

将所有数据代入

$$169 = H\times9.81\times(1.18-0.55)\times(96000/101325)-0.55/2\times(6.71^2-3.23^2)-0.05\times0.55\times(4.43^2/2)\times H/1.5$$

$H = 31.43$ m，相对误差 $\dfrac{H-H'}{H'}\times100\% = 1.39\%$，计算正确。

1.7.2 喷射器

喷射器(如图 1-20 所示)是利用高速气流由小管流入两端开口的大管中，在大管入口处形成负压，带动气体流动。喷射器是一种间接抽风装置，它运输窑内废气或混合两种气体。

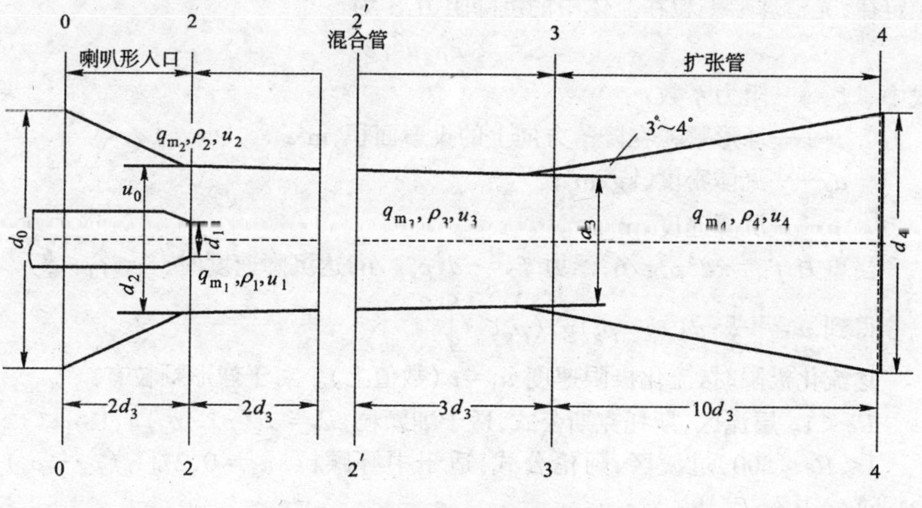

图 1-20 喷射器

(1) 喇叭形气体入口：为减少被喷射气体进入喷射器的阻力损失，将入口处做成喇叭形管口。

(2) 混合管：其作用在于使喷射气体与被喷射气体速度趋于均匀，因而使动量趋于降低，使混合管内产生压强差，引射气体流动。

(3) 扩张管：混合气体流过扩张管，流速降低，部分动压头转变为静压头，利用扩张管出口的静压头可使混合后的气体继续克服阻力沿管道流动。同时在混合管末端安装扩张管，可以增大喷射器两端压强差，以增大气体吸入量。

(4) 喷射器效率 η：系指喷射器在单位时间内所做有效功与供给喷射器能量之比，$\eta = q_{v2}(p_4 - p_0)/\{q_{v1}[\rho_1 u_1^2/2 - (p_4 - p_2)]\}$。

1.7.3　流态化原理

当流体自下向上通过固体颗粒床层时，由于流体作用，固体颗粒悬浮起来，在床层内做剧烈的运动，上下翻滚，具有流动性，这种现象称为流态化。在硅酸盐工业中，流态化技术应用广泛，如流态化干燥、水泥窑外分解等。

流态化速度存在临界流化速度 u_{mf}，当速度过小时，为固定床；过大时，呈气力输送状态，反而减少压强。经计算可得：

对于低雷诺数[❶] ($Re^* < 20$)，$u_{mf} = d_m^2(\rho_s - \rho_g)g/(1650\mu)$

对于高雷诺数 ($Re^* > 1000$)，$u_{mf}^2 = d_m(\rho_s - \rho_g)g/(24.5\rho_g)$

流化极限速度：流化极限速度在数值上等于颗粒的自由沉降速度。根据牛顿定律，光滑球形颗粒在流体中的沉降阻力 S 为

$$S = \zeta' F \rho_g u^2/2$$

式中　ζ'——阻力系数；

F——球形颗粒在降落方向上的投影面积，m^2；

ρ_g——流体密度，kg/m^3；

u——沉降速度，m/s。

当重力 $f_1 = \pi d^3 \rho_s g/6$，浮力 $f_2 = \pi d^3 \rho_g g/6$，达沉降速度时，$S = f_1 - f_2$

得到 $u = \left[\frac{4}{3}\cdot d(\rho_s - \rho_g)g/(\rho_g \zeta')\right]^{1/2}$

达流化极限时，流化极限速度 $u_t = u$（数值上）。对于球形颗粒有：

$Re < 1$，层流区，斯托克斯公式，适于细颗粒，$u_t = d^2(\rho_s - \rho_g)g/18\mu$；

$1 < Re < 500$，过渡区，阿伦公式，适于中等颗粒，$u_t = 0.27[d(\rho_s - \rho_g) \times gRe^{0.6}/\rho_g]^{1/2}$；

$500 < Re < 2\times10^5$，湍流区，牛顿公式，适于粗颗粒，$u_t = 1.74[d(\rho_s - \rho_g) \times g/\rho_g]^{1/2}$。

---

❶ 雷诺数 Re^* 是以颗粒平均直径 d_m、空床速度 u 计算的，$Re^* = \frac{d_m \rho_g u}{\mu}$。

若颗粒为非球形颗粒,加入校正系数 C(球形度的校正系数 C,C 为球形度的函数),$C=0.843\lg(\varphi/0.065)$。

［例 1-10］　计算临界流化速度和流化极限速度,参数如下:

(1) 颗粒分布如表 1-3 所示。

表 1-3　颗粒分布

直径小于/μm	50	75	100	125	150	175
360 g 的积累质量/g	0	60	150	270	330	360

(2) 其他数据:$\rho_s=1000\ \text{kg/m}^3$,$\rho_g=1.205\ \text{kg/m}^3$,$\varphi=0.696$,$\mu=1.78\times10^{-5}\ \text{Pa·s}$。

解　颗粒平均直径

$$d_m=\left(\sum x_i{}^{❶}/d_i\right)^{-1}=1/(0.17/62.5+0.25/87.5+0.33/112.5+0.17/137.5+0.08/162.5)=98\ (\mu\text{m})$$

临界流化速度 $u_{mf}=d_m^2(\rho_s-\rho_g)g/(1650\mu)=0.0032\ (\text{m/s})$

校验 Re^*,$Re^*=d_m u_{mf}\rho_g/\mu=98\times10^{-6}\times0.0032\times1.205/(1.78\times10^{-5})=0.02<20$

与公式条件相符。

计算流化极限速度,取 $d=50\ \mu\text{m}$

$$u_t=d^2(\rho_s-\rho_g)g/18\mu=0.0765\ (\text{m/s})$$

验算 Re,$Re=du_t\rho_g/\mu=0.259<1$,与选用的计算公式要求相符。

对于非球形颗粒,其修正式 $C=0.843\lg(\varphi/0.065)=0.868$

流化极限速度 $u_t'=Cu_t=0.868\times0.0765=0.066\ (\text{m/s})$

1.8　氮化炉中气氛作用与反应机理

近年来,冶金工业发展很快,国内外各种冶金新技术不断出现。这就要求耐火材料必须同步发展,要求耐火材料具备抗侵蚀与抗冲刷、高强度、抗热震和抗氧化性能好等性能;传统的耐火材料已满足不了要求,因而高技术陶瓷的最新成就被逐步引入到耐火材料中来,多种氧化物－非氧化物复合耐火材料相继出现,如 ZCM-SiC、ZCM-BN、Si_3N_4 结合 SiC、Sialon(赛隆)结合 SiC 等,其中 Si_3N_4

❶　见公式(1-25)。

结合 SiC、Sialon 结合 SiC 的复合材料已在炉外精炼、连铸等冶金过程中得到了应用,而且显示出其优越的性能。

Si_3N_4,Sialon 材料必须在还原氮化窑炉内进行烧结。早期制备赛隆的方法是先合成 Si_3N_4 和 AlN 粉末,然后再用 SiO_2、Si_3N_4、Al_2O_3 和 AlN 为原料,依据 Si-Al-O-N 相图按一定比例混合后,在高温下经固相反应而生成。这种方法的基本特点是制备过程复杂,原料成本高,难以推广应用。采用金属 Si、Al 及其氧化物作为起始原料反应烧结合成 Sialon 的工艺同样存在反应时间较长、合成温度较高等技术经济问题。为降低 Sialon 的生产成本,美国、日本、英国等国家分别采用黏土、稻壳和含炭泥岩等廉价原料合成 Sialon 粉末,进行了许多研究。20 世纪 70 年代,美国犹他大学的 June-Gunnlee 和 Ivanb.Cutter 首次通过碳热还原氮化的方法(如图 1-21 所示)利用天然高岭土在 1300～1400℃ 的较低温度下制备了 Sialon 粉体,为制备廉价的 Sialon 材料提供了一条新的途径。

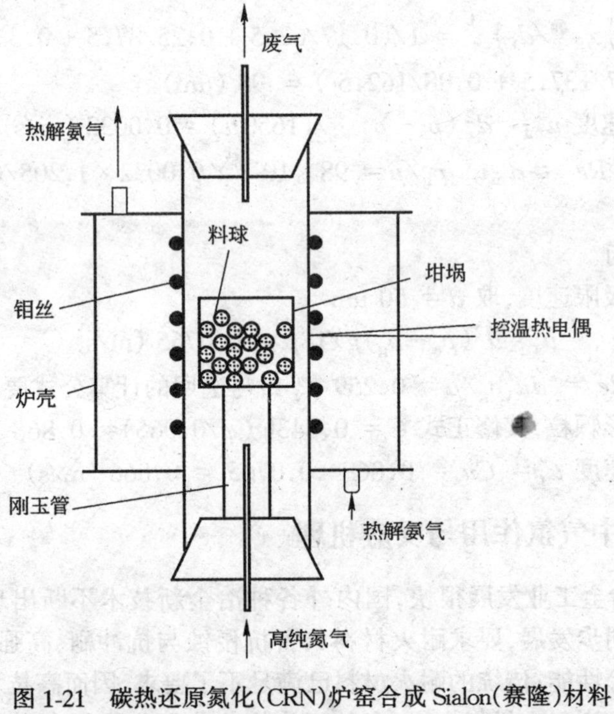

图 1-21　碳热还原氮化(CRN)炉窑合成 Sialon(赛隆)材料

以高岭土为例,在碳热还原及其氮化气氛下发生化学反应,释放出废气(H_2O ,CO,SiO 等),若这些废气在窑炉局部区域内淤积过多,将严重影响氮化过程的顺利进行,最终影响合成产物的质量。

合成过程的热力学反应如下：高岭石在加热到450～550℃时，发生分解，排出结晶水，并形成偏高岭石，

$$Al_2O_3\cdot 2SiO_2\cdot 2H_2O \rightarrow Al_2O_3\cdot 2SiO_2 + 2H_2O \quad (1\text{-}38)$$

继续升高温度，偏高岭石分解为无定形的、高活性的 Al_2O_3 和 SiO_2。体系中存在莫来石(mullite)、SiO_2、C 及其他中间产物。温度达1400℃时，碳热还原反应，热力学温度、气体分压平衡方程式如下：

$$SiO_2 + C = SiO(g) + CO(g) \quad (1\text{-}39)$$

$$\Delta_r G_1 = 720.15 - 0.3651T + 0.0191T[\lg(p(SiO)/p^\ominus) + \lg(p(CO)/p^\ominus)] \quad (1\text{-}39')$$

当碳过量时，会发生如下反应：

$$SiO_2 + 3C = SiC + 2CO(g) \quad (1\text{-}40)$$

$$\Delta_r G_2 = 609.44 - 0.3363T + 0.0382T\lg(p(CO)/p^\ominus) \quad (1\text{-}40')$$

$$3Al_2O_3\cdot 2SiO_2 + 2C = 3Al_2O_3 + 2SiO(g) + 2CO(g) \quad (1\text{-}41)$$

$$\Delta_r G_3 = 1371.48 - 0.6845T + 0.0382T[\lg(p(SiO)/p^\ominus) + \lg(p(CO)/p^\ominus)] \quad (1\text{-}41')$$

SiC、SiO 作为中间产物，继续反应生成 β-Sialon($Si_3Al_3O_3N_5$, $z=3$)

$$3Al_2O_3\cdot 2SiO_2 + 4SiC + 3C + 5N_2 = 2Si_3Al_3O_3N_5 + 7CO(g) \quad (1\text{-}42)$$

$$\Delta_r G_4 = 341.40 - 0.1805T + 0.0191T[7\lg(p(CO)/p^\ominus) - 5\lg(p(N_2)/p^\ominus)] \quad (1\text{-}42')$$

$$2SiO(g) + C + N_2(g) = Si_2N_2O + CO(g) \quad (1\text{-}43)$$

$$\Delta_r G_5 = -678.88 - 0.2545T + 0.0191T[\lg(p(CO)/p^\ominus) - 2\lg(p(SiO)/p^\ominus) - \lg(p(N_2)/p^\ominus)] \quad (1\text{-}43')$$

$3Al_2O_3\cdot 2SiO_2$ 固溶入 Si_2N_2O，依次形成了 O′-Sialon，X-Sialon。

$$26Si_2N_2O + 3Al_2O_3\cdot 2SiO_2 + 3C + N_2(g) = 30Si_{1.8}Al_{0.2}O_{1.2}N_{1.8} + 3CO(g) \quad (1\text{-}44)$$

$$\Delta_r G_6 = 14159.68 - 1.1077T + 0.0191T[3\lg(p(CO)/p^\ominus) - \lg(p(N_2)/p^\ominus)] \quad (1\text{-}44')$$

$$3Si_2N_2O + 3(3Al_2O_3\cdot 2SiO_2) = Si_{12}Al_{18}O_{42}N_6 \quad (1\text{-}45)$$

$$\Delta_r G_7 = 64.62 - 0.0654T \quad (1\text{-}45')$$

O′-Sialon、X-Sialon 接着与 Al_2O_3、Si_2N_2O 继续反应生成 β-Sialon。

$$5Si_{1.8}Al_{0.2}O_{1.2}N_{1.8} + 4Al_2O_3 + 9C + 3N_2(g) = 3Si_3Al_3O_3N_5 + 9CO(g) \quad (1\text{-}46)$$

$$\Delta_r G_8 = 1903.7 - 0.9417T + 0.0191T[9\lg(p(CO)/p^{\ominus}) - 3\lg(p(N_2)/p^{\ominus})] \quad (1\text{-}46')$$

$$Si_{12}Al_{18}O_{42}N_6 + 3Si_2N_2O + 27C + 9N_2(g) = 6Si_3Al_3O_3N_5 + 27CO(g) \quad (1\text{-}47)$$

$$\Delta_r G_9 = 5206.74 - 2.6367T + 0.1719T[3\lg(p(CO)/p^{\ominus}) - \lg(p(N_2)/p^{\ominus})] \quad (1\text{-}47')$$

如果样品中还有剩余的 C 粉，β-Sialon 将继续发生碳热还原氮化反应，生成 15R、12H 等 Sialon 多型体及 Si_3N_4 和 AlN，

$$4Si_3Al_3O_3N_5 + 6C + 2N_2(g) = 3SiAl_4O_2N_4 + 3Si_3N_4 + 6CO(g) \quad (1\text{-}48)$$

$$\Delta_r G_{10} = 3349.41 - 1.0356T + 0.0382T[3\lg(p(CO)/p^{\ominus}) - \lg(p(N_2)/p^{\ominus})] \quad (1\text{-}48')$$

$$3SiAl_4O_2N_4 + 6C + 2N_2(g) = Si_3N_4 + 12AlN + 6CO(g) \quad (1\text{-}49)$$

$$\Delta_r G_{11} = -447.85 - 0.2688T + 0.0382T[3\lg(p(CO)/p^{\ominus}) - \lg(p(N_2)/p^{\ominus})] \quad (1\text{-}49')$$

上述反应过程与实验结果是一致的，整个反应过程如图 1-22 所示。

为了更好描述气体分压与反应产物之间的关系，图 1-23 示出了不同坐标下的 Si-O-C-N 系和 Al-O-C-N 系叠加参数状态图。由图中可以分析出合成 β-Sialon 的温度和气氛条件：当温度在 1800 K 时，氮气保持 0.1 MPa 时，还原气氛应保持在 $0.01p^{\ominus} < p(CO) < p^{\ominus}$。图中 b 点为实验验证点，落在该区域可合成赛隆材料。

表 1-4 为不同工艺参数（如温度、时间、配碳量与氮气流量等）与所获 Sialon 含量之间对应关系（以山东淄博黏土为原料）。由此可见，窑炉气体分压、烧结温度以及保温时间对制备高品质非氧化材料具有重要的调控作用和影响。

表 1-4 温度、时间、配碳量与氮气流量工艺参数对合成 Sialon 量的影响

序号	温度/℃	保温时间/h	配碳量（质量分数）/%	N_2 流量/L·min^{-1}	β-Sialon 质量分数/%
1	1300	6	24	0.5	0
2	1350	4	20	0.5	0
3	1350	6	24	0.5	0
4	1400	2	20	0.5	68.8
5	1400	4	22	1.0	75.7
6	1450	2	22	1.5	73.7
7	1450	6	20	1.0	97.0
8	1500	2	24	1.0	72.7
9	1500	4	20	1.5	92.2
10	1600	4	20	1.0	87.5

续表 1-4

序号	温度/℃	保温时间/h	配碳量(质量分数)/%	N_2 流量/L·min^{-1}	β-Sialon 质量分数/%
11	1600	4	24	1.0	64.0
12	1650	4	24	0.5	43.7
13	1700	4	22	1.0	29.1

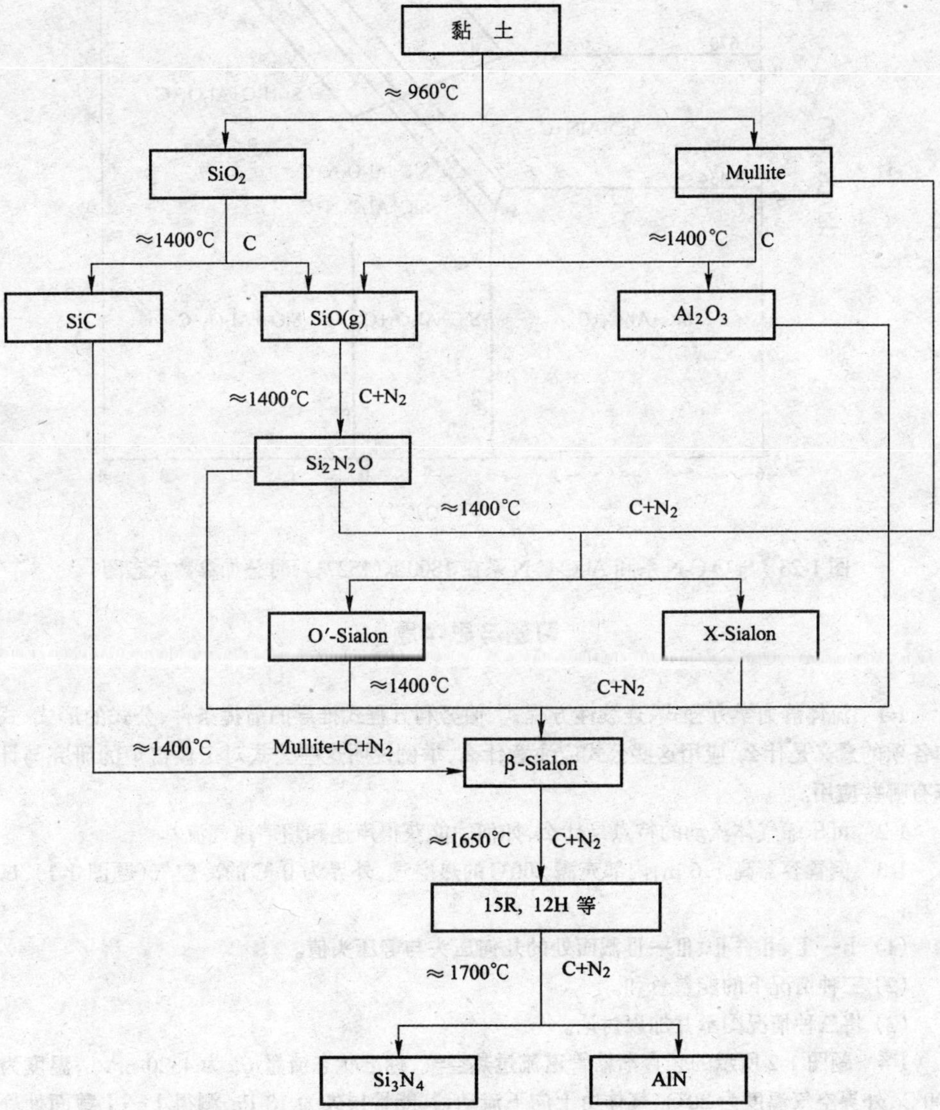

图 1-22 黏土氧化物原料转型氮化物共性反应

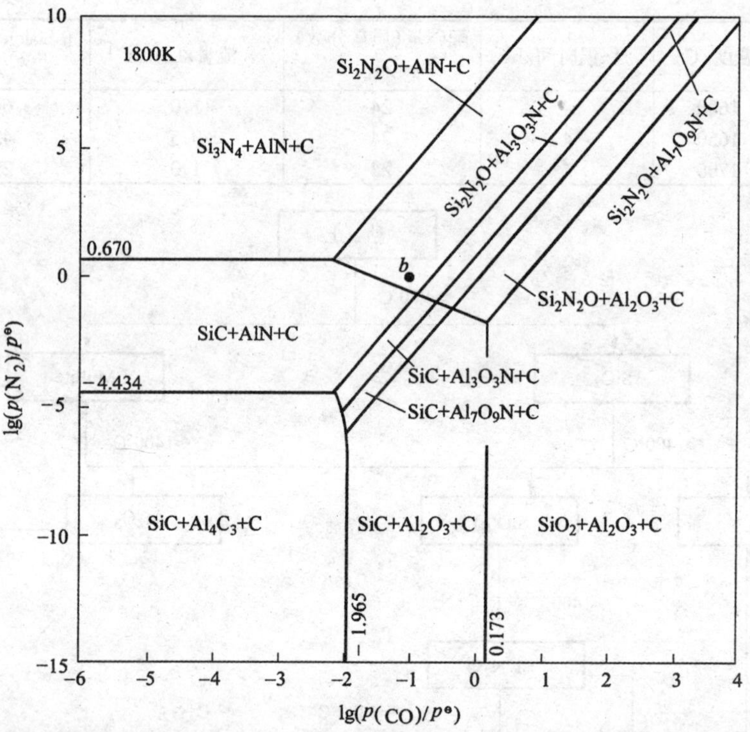

图 1-23　Si-O-C-N 系和 Al-O-C-N 系在 1800 K(1527℃)时叠加参数状态图

习题与思考题

1-1　流体静力学方程式、连续性方程式、伯努利方程式推导的前提条件、公式的形式、式中各项的意义是什么，应用这些公式应注意什么，举例说明这些公式对工业窑炉的研究与计算有哪些应用。

1-2　可压缩气体流动的特点是什么，如何才能获得声速和超声速气流？

1-3　倒置容器高 1.6 m，内部充满 200℃的热空气，外界为 0 ℃的冷空气(题图 1-1)，试计算：

(1) Ⅰ—Ⅰ、Ⅱ—Ⅱ、Ⅲ—Ⅲ截面处的几何压头与静压头值。

(2) 三种情况下的能量总和。

(3) 将三种情况图示并加以讨论。

1-4　题图 1-2 所示的竖直渐缩管道流过热空气，标准状态流量 q_{vn}为 4320 m^3/h，温度为 100℃，外界空气温度为 20℃，气体由上向下流动，其能量损失为 18 Pa，测得Ⅰ—Ⅰ截面处静压为 168 Pa，试计算Ⅱ—Ⅱ截面处流体静压头。

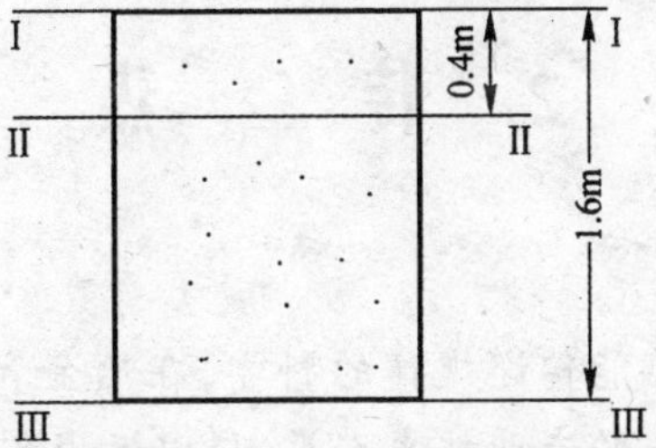

题图 1-1　习题 1-3 附图

1-5　如题图 1-3 所示，某窑炉炉底以上 1.5 m 处炉墙有一小孔，直径为 100 mm，炉内气体温度为 1200℃，车间温度为 20℃，炉底处相对压力为零，试计算通过此小孔每小时损失的气体量。

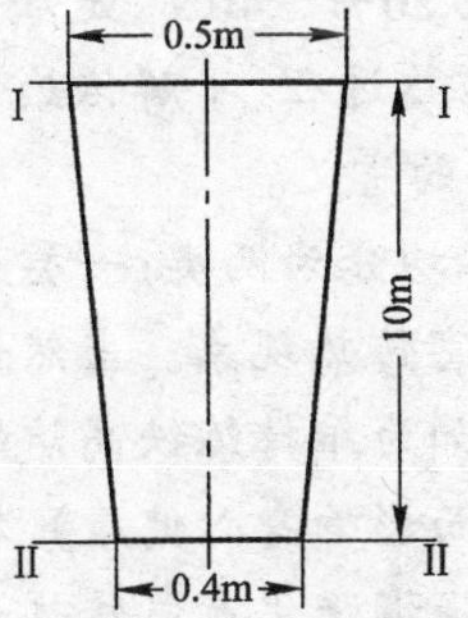

题图 1-2　习题 1-4 附图

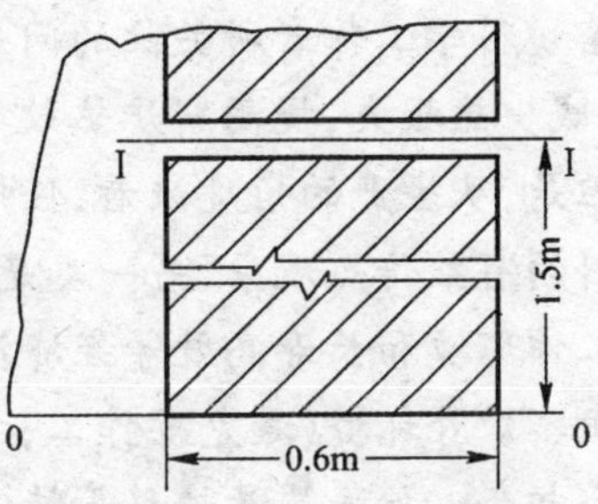

题图 1-3　习题 1-5 附图

1-6　工业炉中安装有管式换热器，管外径 d 为 57 mm，按顺排方式排列，每排 6 根共 12 排，其中 $s=1.5d$，$b=2d$，$\delta=d$，烟气在管外流动，其平均温度为 600℃，在最窄截面处的标态流速为 2.5 m/s，求烟气通过该换热器所产生的能量损失。

1-7　已知某双原子气体压强 $p_0=118$ kPa、密度 $\rho_0=1.12\ kg/m^3$，经收缩管嘴流入压强为 $p=101$ kPa 的空气中，喷嘴出口面积为 $5\times10^{-4}\ m^2$，当按绝热过程处理，管嘴流量系数 $\mu=0.6$ 时，计算压力比、经喷嘴流出的速度及此时的声速及质量流量。

1-8　某窑炉砌烟囱高 30 m，烟囱底部直径与上部直径之比为 1.25，烟囱出口处的温度为 200℃，出口处标准状态流速为 3 m/s，外界空气温度为 20℃，烟囱标准状态排烟量 q_{vn} 为 6.0 m^3/s，烟囱内每米温度降落 2℃，试计算该烟囱底部所产生的负压。

1-9　将某种颗粒在流化床流化，如果必须避免其中直径大于 0.2 mm 颗粒的溢出，试求床层允许气流速度的最大值和最小值。已知数据：颗粒密度 $\rho_s=1450\ kg/m^3$，球形度 $\varphi=1$，平均直径 $d_m=0.45$ mm；气流温度为 200℃，黏度为 2.6×10^{-5} Pa·s，密度为 0.747 kg/m^3。

1-10　若氧气分压不变，增加(或降低)一氧化碳分压 $p(CO)$，降低(或增加)氮气分压 $p(N_2)$，试问对下列哪种物质更有利于形成：①莫来石($3Al_2O_3\cdot2SiO_2$)，②SiC/Al_2O_3，③Sialon，④Si_3N_4/AlN，为什么？

2 传　　热

本章要点：

传热学是一门研究热能传递规律的科学，在冶金和硅酸盐工业中存在许多传热现象。从事高温工程的专业技术人员，应以运用各种技术方法，降低生产过程的能耗，提高窑炉生产效率为己任，从而达到高产、优质、环保、低耗的目的，同时确保窑炉长寿和节能。当前我国面临能源和资源两大技术瓶颈，尤其是钢铁与有色冶金、煤炭电力、水泥与化工等重化工业的能源消耗特别大。因此，如何从这些高温行业着手，确保2010～2020年降低能耗20%～40%，是每一位从事热工窑炉科学工作者所关注的问题。掌握窑炉内传热过程，了解传热传质基本原理，减少热损失，提高窑炉热效率将具有特别重要的意义。

但是，从生产的角度来看，任何工业窑炉的传热均分为两类：一类是窑内加热物料的有益传热现象，另一类是窑外热损失的有害传热现象。当然传热还与窑炉工作环境和长寿高效等经济技术密切关联，例如为维持炼铁高炉的长寿或者保护窑炉外环境（避免操作工长期处于高温环境而影响身心健康），加入冷却壁或冷却套以加强热量转移等特例外，本教材依然强调强化有益传热而抑止有害传热，这是本章学习的主要目的。为便于研究和总结传热共性规律，本章采取先从传热的三种基本方式（传导、对流与辐射）开始，而后研究综合传热，从简单到复杂，从特殊到一般，循序渐进，深入浅出的学习方法。

2.1　传导传热——导热

普通物理学中已介绍，传热一般存在三种形式：传导、对流与辐射。而实际传热过程中，往往是2～3种方式同时并存。热量传递和温度分布有密切联系，在研究热量传递之前，首先要建立有关温度场的概念。所谓温度场，就是指物体（固体、液体、气体）中存在一定温度差时，热量总是从高温处向低温处流动。温度场是一个空间与时间函数，$t=f(x,y,z,\tau)$，此处 t 为温度，x,y,z 为空间坐标，而 τ 为时间。温度场的存在是传热之必要条件。温度场不随时间改变，则称为稳定传热；反之为不稳定传热。例如窑炉中的窑墙、窑顶，虽然各点温度不同，但不随时间而改变，属稳定传热；但在加热或冷却过程中，同一部位的温度都随时间改变,属不稳定传热。

在物体空间中,具有相同温度的各点相连就得到等温面,等温面之间温度差 Δt 与其法线方向距离 Δn 之比值的极限称为温度梯度(℃/m),记为 gradt。

$$\mathrm{grad}t = \lim_{\Delta n \to 0} \Delta t / \Delta n = \partial t / \partial n \tag{2-1}$$

如图 2-1 所示,在穿过等温面方向能观察到温度的变化,而且在穿过等温面的法线方向温度变化最显著。

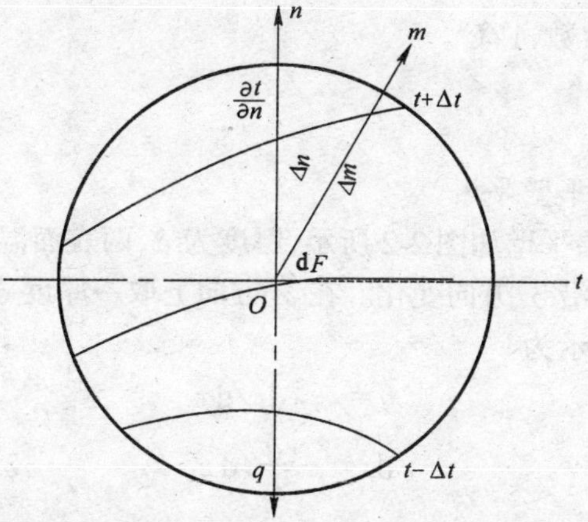

图 2-1 温度梯度和热流

2.1.1 导热基本定律——傅里叶定律

导热是指物体各部分无相对位移或不同物体的直接接触,依靠物质的分子、原子、自由电子等微观粒子热运动而进行的热量传递现象。本章仅讨论导热现象的宏观规律。

傅里叶在研究固体导热现象时确定:单位时间内传递的热流量 Φ,与温度降度以及垂直于导热方向的截面积 F 成正比

$$\Phi = -\lambda \cdot (\partial t / \partial n) \cdot F$$

对单位时间、单位面积所传递的热流量,即热流密度(热流通量)可表示为

$$q = -\lambda \cdot (\partial t / \partial n) \tag{2-2}$$

这就是傅里叶定律的数学表达式。

式中,λ 为材料的热导率,W/(m·℃)。表示物体内温度降度为 1℃/m,单位时间内通过单位面积的热流量,它标志物质的导热能力。

$$\lambda = \Phi / [(-\partial t / \partial n) \cdot F]$$

气体的热导率一般为 0.006～0.6 W/(m·℃)，气体导热是分子运动和相互碰撞的结果；液体的热导率一般为 0.07～0.7 W/(m·℃)；金属的热导率为 2.2～420 W/(m·℃)；耐火材料、建筑材料及隔热材料的热导率为 0.025～4 W/(m·℃)。热导率随温度变化而变化：

$$\lambda_t = \lambda_0(1 \pm \beta t) = \lambda_0 \pm bt$$

式中　λ_t——t℃时的热导率，W/(m·℃)；

λ_0——0℃时的热导率，W/(m·℃)；

b、β——实验常数，1/℃。

2.1.2　平壁导热

2.1.2.1　单层平壁导热

设有一同质单层平壁如图 2-2 所示，厚度为 δ，两表面温度 $t_1 > t_2$，热导率 λ 为常数，平壁温度只沿 x 方向变化。在 x 方向上取一厚度 dx，对于一维稳定导热，傅里叶定律可表示为

$$q = -\lambda \mathrm{d}t/\mathrm{d}x$$

分离变量得

$$\mathrm{d}t = -\frac{q}{\lambda}\cdot \mathrm{d}x$$

积分得

$$t = -\frac{q}{\lambda}\cdot x + C$$

积分常数 C 可由边界条件确定，当 $x=0$，$t=t_1$ 时，$C=t_1$；

当 $x=\delta$，$t=t_2$ 时，$t_2 = -(q/\lambda)\cdot\delta + t_1$；$q=(t_1-t_2)\cdot\lambda/\delta$

通过面积 F 所传递的热流量 $\Phi = qF = F(t_1-t_2)\cdot\lambda/\delta$

平壁内距离内表面 x 处的温度为：$t_x = t_1 - [(t_1-t_2)/\delta]x$，即当材料的热导率为常数时，单层平壁内温度呈直线分布。

［**例 2-1**］　如图 2-3 所示，有一红砖墙，其厚度 δ 为 240 mm(长度及宽度远远大于厚度，可视为“一维”导热)，墙的两表面温度分别为 $t_1=140$℃、$t_2=20$℃。求通过此墙壁的热流密度 q 和平壁 a、b、c 各平面的温度 t_a, t_b, t_c，这些平面相距均为 60 mm。

解　不考虑红砖的热导率随温度变化，取 $\lambda=0.50$ W/(m·℃)

所以 $q=(t_1-t_2)\lambda/\delta=(140-20)\times0.50/0.24=250\ (\mathrm{W/m^2})$

$t_a = t_1 - [(t_1-t_2)/\delta]x = 140-[(140-20)/0.24]\times0.06$

$=110$(℃)，$t_b=80$℃，$t_c=50$℃

由上述可知，当热导率为常数时，单层平壁内温度呈直线分布。

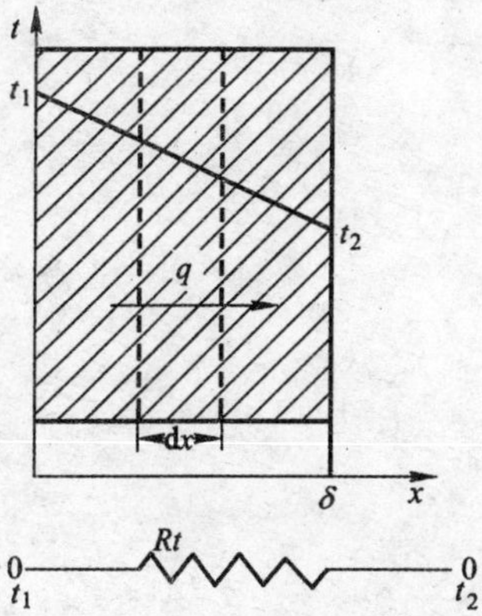

图 2-2 单层平壁导热

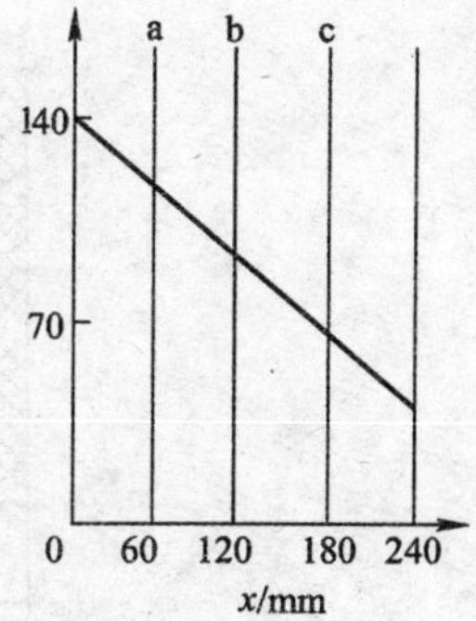

图 2-3 例 2-1 附图

热阻的概念与电阻❶相比，较为相似。

热流量 $\Phi=(t_1-t_2)/(\delta/\lambda F)=\Delta t/R_t$，热流密度 $q=(t_1-t_2)/(\delta/\lambda)=\Delta t/R_t'$，所以 $R_t=\delta/\lambda F$ 为传热过程中的阻力，称为热阻(℃/W)。R_t'是传热总面积的热阻，$R_t'=\delta/\lambda$ 为单位面积的热阻$(m^2\cdot℃)/W$。当在传热路径上传热面积沿途不变时，可以采用单位面积热阻，当传热面积沿途变化时，则采用总面积的热阻。

2.1.2.2 *多层平壁导热*

由三种不同材料组成的多层平壁，如图 2-4 所示。

每层厚度为 δ_1、δ_2、δ_3，热导率分别为 λ_1、λ_2、λ_3，均为常数，内外表面温度为 t_1 和 t_4，且 $t_1>t_4$，层与层之间温度为 t_2 和 t_3。

通过各层的热流量可表示为：

$$\Phi_1=\lambda_1/\delta_1\cdot(t_1-t_2)F=(t_1-t_2)/R_{t1}$$

$$\Phi_2=\lambda_2/\delta_2\cdot(t_2-t_3)F=(t_2-t_3)/R_{t2}$$

$$\Phi_3=\lambda_3/\delta_3\cdot(t_3-t_4)F=(t_3-t_4)/R_{t3}$$

移项可得：$t_1-t_2=R_{t1}\cdot\Phi_1$；$t_2-t_3=R_{t2}\cdot\Phi_2$；$t_3-t_4=R_{t3}\cdot\Phi_3$

通过该平壁热流量为：$\Phi=(t_1-t_4)/(R_{t1}+R_{t2}+R_{t3})=\Delta t/\sum R_t$

三层平壁的总热阻为：$\sum R_t=R_{t1}+R_{t2}+R_{t3}$

这和电阻串联的原理一样。对各层之间温度：

$t_2=t_1-\Phi R_{t1}$；$t_3=t_1-\Phi(R_{t1}+R_{t2})$或 $t_3=t_4+\Phi R_{t3}$

❶ 欧姆定律 $I=U/R$。

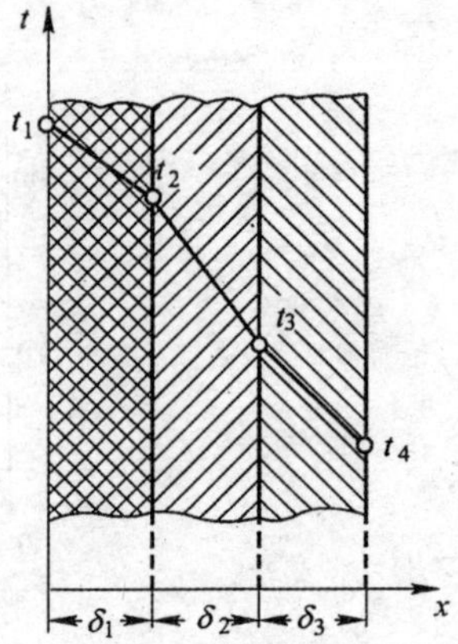

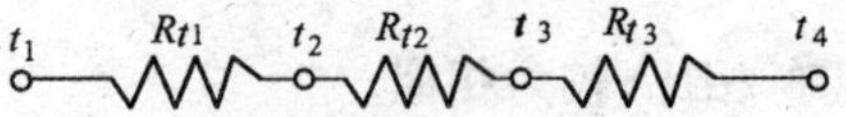

图 2-4　多层平壁导热

对于多层第 i 层和 $i+1$ 层之间温度：$t_{i+1}=t_1-\Phi(R_{t1}+R_{t2}+\cdots+R_{ti})$

[例 2-2]　某隧道烧成带的砌筑材料如表 2-1，图 2-5 所示。

表 2-1　隧道烧成带的砌筑材料的热导率与厚度

砌筑材料	热导率/W·(m·℃)$^{-1}$	砌筑厚度/mm
硅砖（内层）	1.80	460
轻质砖（$\rho=1.30\ kg/m^3$）	0.79	230
轻质砖（$\rho=0.8\ kg/m^3$）	0.47	460
黏土砖（外层）	0.81	113

窑墙内表面温度 $t_1=1400$℃，外表面温度 $t_5=80$℃，求热流密度 q 和各层温度分布。

解　根据公式，现计算单位面积的热阻：

$R'_{t1}=\delta_1/\lambda_1=0.46/1.8=0.26((m^2\cdot℃)/W)$

$R'_{t2}=0.23/0.79=0.29\ ((m^2\cdot℃)/W)$

$R'_{t3}=0.46/0.47=0.98\ ((m^2\cdot℃)/W)$

$R'_{t4}=0.113/0.81=0.14\ ((m^2\cdot℃)/W)$

$q=(t_1-t_5)/\sum R'_t=(1400-80)/(0.26+0.29+0.98+0.14)=790\ (W/m^2)$

$t_2=t_1-qR'_{t1}=1400-790\times0.26=1195\ (℃)$

$t_3=t_1-q(R'_{t1}+R'_{t2})=1400-790\times(0.26+0.29)=966\ (℃)$

$t_4=t_1-q(R'_{t1}+R'_{t2}+R'_{t3})=1400-790\times(0.26+0.29+0.98)=191\ (℃)$

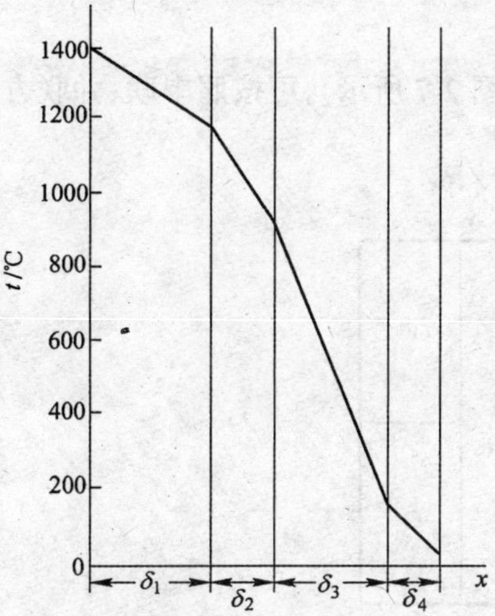

图 2-5 例 2-2 附图

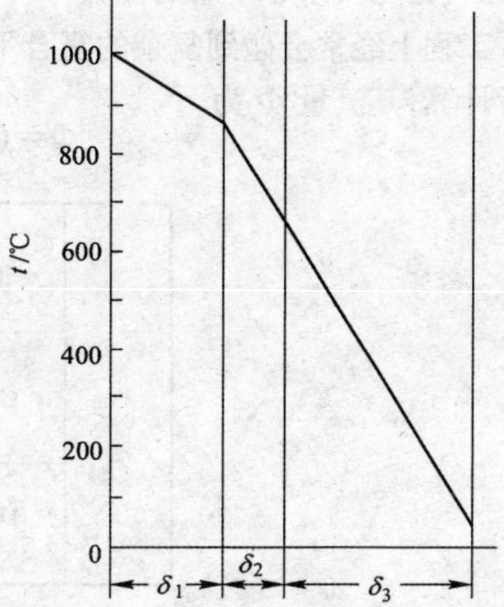

图 2-6 例 2-3 附图

[例 2-3] 如图 2-6 所示，窑墙砌筑材料及厚度如下：黏土砖（内层），厚度 230 mm；硅藻土砖（$\rho = 500\ kg/m^3$），厚度 65 mm；红砖，厚度 500 mm。窑墙内表面温度 $t_1 = 1000℃$，外表面温度 $t_4 = 50℃$，求通过窑墙的热流密度 q。

解 一般情况下，热导率不给出，所以采用平均温度方法算出，并满足 $(q_{max} - q_{min})/q_{min} < 4\%$，否则重新计算。

先假定 $t_2 = 855℃$，$t_3 = 670℃$，各层平均温度 $t_{1-2} = (1000 + 855)/2 = 927.5℃$ $t_{2-3} = 762.5℃$，$t_{3-4} = 360℃$；各种材料的热导率根据本书附录 4 和附录 5 查得：

$$\lambda_1 = 0.698 + 0.64 \times 10^{-3} t_{1-2} = 1.2916\ (W/(m \cdot ℃));$$

$$\lambda_2 = 0.2791\ W/(m \cdot ℃);\lambda_3 = 0.6486\ (W/(m \cdot ℃))。$$

各层热阻：$R'_{t1} = 0.23/1.2916 = 0.1781\ ((m^2 \cdot ℃)/W)$；

$$R'_{t2} = 0.065/0.2791 = 0.2329\ ((m^2 \cdot ℃)/W);$$

$$R'_{t3} = 0.50/0.6486 = 0.7709\ ((m^2 \cdot ℃)/W)。$$

所以 $q_1 = (1000 - 855)/0.1781 = 814.15\ (W/m^2)$；

$$q_2 = (855 - 670)/0.2329 = 794.33\ (W/m^2);$$

$$q_3 = (670 - 50)/0.7709 = 804.25\ (W/m^2)。$$

相对误差 $(814.15 - 794.33)/794.33 \times 100\% = 2.5\% < 4\%$，故认为假定合理。

计算通过该墙壁的热流密度 q：

$q=(t_1-t_4)/(R'_{t1}+R'_{t2}+R'_{t3})=(1000-50)/(0.1781+0.2329+0.7709)=804(\mathrm{W/m^2})$。

2.1.2.3　复合平壁的导热

工程上经常会碰到复杂的复合平壁(如图2-7所示),可按照串联、并联方法进行计算,其流量 Φ 为

$$\Phi=(t_1-t_5)/R_t$$

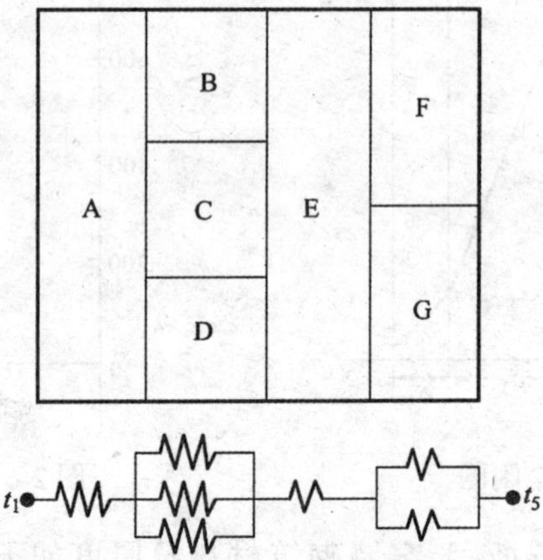

图2-7　通过复合壁一维串联和并联的热传导及模拟电路

2.1.3 圆筒壁导热

2.1.3.1　单层圆筒壁导热

单层圆筒壁如图2-8所示,内半径为 r_1,外半径为 r_2,内外表面温度分别为 t_1 和 t_2,圆筒壁长度比直径大得多,在轴向长度为 l 的圆筒壁内选定半径为 r,厚度为 $\mathrm{d}r$ 的环形薄层,根据傅里叶定律

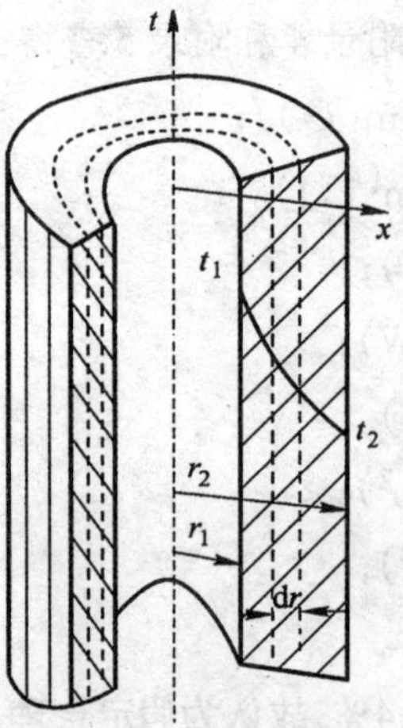

图2-8　单层圆筒壁

$$\Phi=-F\lambda\mathrm{d}t/\mathrm{d}r=-\lambda(2\pi rl)\mathrm{d}t/\mathrm{d}r$$

分离变量并积分得到:$t=-[\Phi/(2\pi\lambda l)]\ln r+C$,积分常数由边界条件确定;

当 $r=r_1$,$t=t_1$ 时,代入得

$$t_1=-[\Phi/(2\pi\lambda l)]\cdot\ln r_1+C$$

当 $r=r_2$,$t=t_2$ 时,代入得

$$t_2=-[\Phi/(2\pi\lambda l)]\cdot\ln r_2+C$$

$$t_1-t_2=[\Phi/(2\pi\lambda l)]\cdot\ln(r_2/r_1)=[\Phi/(2\pi\lambda l)]\cdot\ln(d_2/d_1)$$

整理得　$\Phi=(t_1-t_2)/[1/(2\pi\lambda l)]\cdot[\ln(d_2/d_1)]$

热流密度　$q_l = \Phi / l = (t_1 - t_2) / \{[1/(2\pi\lambda)] \cdot [\ln(d_2/d_1)]\}$

$$q_l = \Delta t / R_{t,l}$$

$$R_{t,l} = [1/(2\pi\lambda)] \cdot [\ln(d_2/d_1)]$$

式中　$R_{t,l}$——每米长度的单层圆筒壁导热热阻,((m·℃)/W)。

2.1.3.2　多层圆筒壁导热

设圆筒壁为三层,由三种不同的材料组成,内直径为 d_1,外直径为 d_4,中间各层直径分别为 d_2、d_3。内外表面温度分别为 t_1、t_4,层与层间温度分别为 t_2、t_3,则热流密度为

$$q = (t_1 - t_4) / (R_{t,11} + R_{t,12} + R_{t,13})$$

$$R_{t,11} = [1/(2\pi\lambda_1)] \cdot [\ln(d_2/d_1)], R_{t,12} = [1/(2\pi\lambda_2)] \cdot [\ln(d_3/d_2)]$$

$$R_{t,13} = [1/(2\pi\lambda_3)] \cdot [\ln(d_4/d_3)]$$

对于 n 层圆筒壁,则 $q = (t_1 - t_{n+1}) / (R_{t,11} + R_{t,12} + \cdots + R_{t,1n})$;

第 i 层与第 $i+1$ 层的温度为:$t_{i+1} = t_1 - q(R_{t,11} + R_{t,12} + \cdots + R_{t,1i})$

[例 2-4]　蒸气管的内径和外径分别为 160 mm 和 170 mm,管外裹着两层隔热材料,如图 2-9 所示。第一层隔热材料的厚度 $\delta_2 = 30$ mm,第二层厚度 $\delta_3 = 50$ mm,管壁及两层隔热材料的热导率分别为 $\lambda_1 = 58$ W/(m·℃),$\lambda_2 = 0.17$ W/(m·℃),$\lambda_3 = 0.09$ W/(m·℃),蒸气管内表面温度 $t_1 = 300$℃,外表面温度 $t_4 = 50$℃,试求每米长度蒸气管的热损失和各层之间温度。

解　$r_1 = d_1/2 = 0.08$ m;$r_2 = d_2/2 = 0.085$ m;$r_3 = r_2 + \delta_2 = 0.115$ m;$r_4 = r_3 + \delta_3 = 0.165$ m。

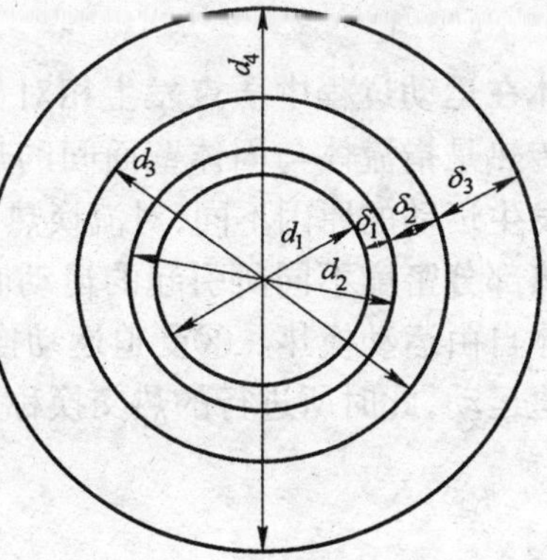

图 2-9　例 2-4 附图

各层热阻值为:

$$R_{t1} = [1/(2\pi\lambda_1)] \cdot [\ln(r_2/r_1)] = [2\pi \times 58]^{-1} \cdot \ln(0.085/0.08) \approx 0$$

$R_{t2}=[1/(2\pi\lambda_2)]\cdot[\ln(r_3/r_2)]=[2\pi\times0.17]^{-1}\cdot\ln(0.115/0.085)=0.28$

$R_{t3}=[1/(2\pi\lambda_3)]\cdot[\ln(r_4/r_3)]=[2\pi\times0.09]^{-1}\cdot\ln(0.165/0.115)=0.64$

$q=(t_1-t_4)/\sum R=(300-50)/(0+0.28+0.64)=272\ (\text{W/m})$

层间温度为：$t_2=t_1-qR_{t1}=300-272\times0=300(℃)$

$t_3=t_1-q(R_{t1}+R_{t2})=300-272\times(0+0.28)=224(℃)$

2.1.4 球壁的导热

如图 2-10 所示，设有一空心球，内外表面半径和温度分别为 r_1、r_2 和 t_1、t_2；热导率 λ 为常数。在壁内选定半径为 r，厚度为 $\mathrm{d}r$ 的空心球层，根据傅里叶定律，每小时通过该层的热流量为

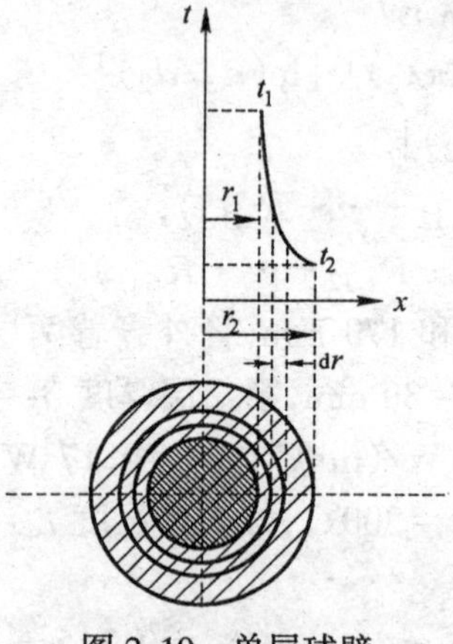

图 2-10 单层球壁

$$\Phi=-\lambda F\mathrm{d}t/\mathrm{d}r=-\lambda4\pi r^2\mathrm{d}t/\mathrm{d}r$$

分离变量并积分：

$$t=(1/r)\cdot\Phi/(4\pi\lambda)+C$$

积分常数 C 可由边界条件确定：

当 $r=r_1, t=t_1$ 时，$t_1=(1/r_1)\cdot\Phi/(4\pi\lambda)+C$

当 $r=r_2, t=t_2$ 时，$t_2=(1/r_2)\cdot\Phi/(4\pi\lambda)+C$

所以 $t_1-t_2=[\Phi/(4\pi\lambda)]\cdot(1/r_1-1/r_2)$

$$\Phi=4\pi\lambda(t_1-t_2)/(1/r_1-1/r_2)$$

2.2 对流换热

对流传热是由于流体在运动过程中质点发生相对位移而引起的热量转移。在工程上所研究的对流传热是指流体与固体壁面间的热交换，一般称为对流换热或对流给热。按流体发生运动的原因不同，对流换热可分为两类：①自由运动换热。凡是由于流体冷热部分密度不同所引起的运动叫做自由运动，此时流体与壁面的热交换称为流体自由运动换热。②受迫运动换热。凡是受外力影响所发生的流体运动叫做受迫运动，此时所进行的热交换称为流体受迫运动换热。

2.2.1 对流换热过程

对流换热的基本公式是牛顿冷却公式

$$\Phi=\alpha(t_f-t_w)F;\ q=\alpha(t_f-t_w) \tag{2-3}$$

式中 t_f——流体温度，℃；

t_w——壁面温度,℃;

α——对流换热系数;

F——壁面面积。

α 值的大小反映了对流换热的强弱,其意义系指 1 m^2 壁表面积,流体同壁面间温度差为 1℃,每秒钟所能传递的热量,单位为 J/(m^2·s·℃)或 W/(m^2·℃)。

将式(2-3)改写为

$$\Phi=\alpha(t_f-t_w)F=(t_f-t_w)/(1/(\alpha F));\ q=(t_f-t_w)/(1/\alpha) \tag{2-4}$$

式中 $1/(\alpha F)$——对流换热的热阻,℃/W;

$1/\alpha$——单位面积上对流换热热阻,(m^2·℃)/W。

在对流换热过程中,热阻主要发生在靠近壁面的边界层内,因此流体流经壁面时边界层的厚度及其特征,对于对流换热的研究具有重要意义。

2.2.1.1 流动边界层

黏性流体流经壁面时,与壁面产生的摩擦力,它限制了流体的运动,使靠近壁面的流体速度降低到零。如图 2-11 所示,流体速度 u_x 随 y 值的增加而迅速增大,把 $y=\delta$ 的薄层称为流动边界层,一般将接近主流速度,即 $u_x/u_\infty=0.99$ 处距壁面的垂直距离定义为边界层。厚度 δ 可通过计算得出,例如 20℃ 的空气以 $u_\infty=10$ m/s 的速度掠过平板,在离前缘 100 mm 和 200 mm 处的边界层厚度分别为 1.8 mm 和 2.5 mm。

边界层在壁面上的形成和发展过程如图 2-12 所示。由层流边界层开始向湍流过渡的距离 x_c 称为临界距离,由雷诺数 $Re_c=x_c u_\infty/v$ 确定(Re_c 为 3×10^5 ~ 3×10^6)。

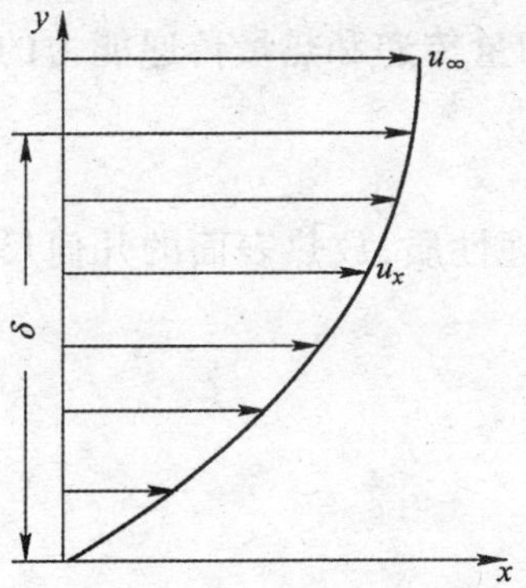

图 2-11 流动边界层

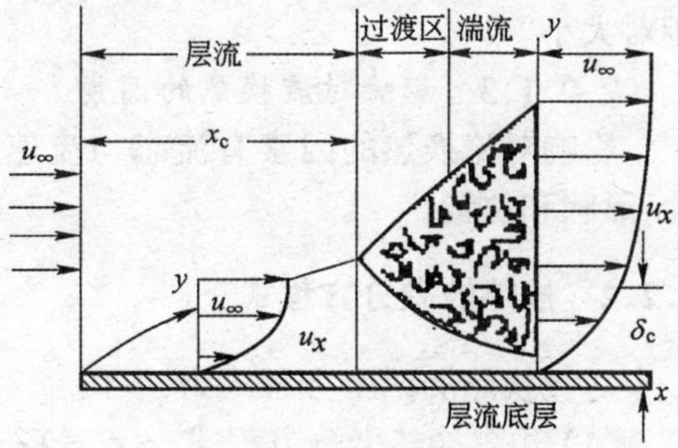

图 2-12 流体掠过平板时边界层的形成和发展

当流体在平板上做层流运动时，边界层厚度 δ 与 Re 的关系为：

$$\delta = 4.64x/(Re_x)^{1/2} \tag{2-5}$$

［例 2-5］ 根据公式(2-5)计算空气流过平板前缘 100 mm 处的边界层厚度，已知空气流速为 10 m/s，空气温度为 20℃。

解 $Re_x = \frac{u_\infty x}{v} = 10 \times 0.1/(15.06 \times 10^{-6}) = 66400$；$\delta = 4.64x/(Re_x)^{1/2} = 4.64 \times 0.1/(66400)^{1/2} = 1.8$ mm；边界层厚度一般小于 2 mm。

流体在平壁上做湍流流动，边界层厚度 δ 与雷诺数 Re 之间关系为

$$\delta_t = 0.376x/(Re_x)^{1/5}$$

其层流底层厚度 $\delta_c = \delta_t \cdot (194/Re_x^{0.7})$；根据上述可计算例 2-5 中距平板前缘 500 mm 处所形成的湍流边界层的厚度与层流底层的厚度。

$$Re_x = \frac{u_\infty x}{v} = 10 \times 0.5/(15.06 \times 10^{-6}) = 332000;$$

$$\delta_t = 0.376x/(Re_x)^{1/5} = 0.376 \times 0.5/332000^{1/5} = 14.7 \text{ (mm)}$$

$$\delta_c = \delta_t \cdot (194/Re_x^{0.7}) = 14.7 \times 194/332000^{0.7} = 0.389 \text{ (mm)}$$

流体在直径为 d 的管中流动时，层流底层厚度为 $\delta_c = d \cdot 63.5/Re^{7/8}$

2.2.1.2 热边界层

当流体与壁面之间存在温度差时，出现了热边界层，或称温度边界层。热边界层厚度 δ_t 不一定等于流动边界层厚度 δ。如果流动边界层和热边界层都从同一地点开始发展，则两者厚度之比，取决于流体的物性。

$$\delta_t/\delta = Pr^{-1/3}$$

式中，Pr 为普朗特数，$Pr = \nu/a$（a 为导温系数，也称为"热扩散率"，$a = \lambda/(c_p \cdot \rho)$；$\nu$ 为运动黏度）。在 Pr 中，ν 反映了流体分子传递动量的能力，a 反映了流体分子扩散热量的能力，故 Pr 的大小表明了流体动量传递和热量传递能力的相对大小。

2.2.1.3 影响对流换热的因素

影响对流换热的因素有流态与流速，流体的物理性质，放热表面的几何尺寸、形状和位置。

2.2.2 换热的微分方程式

对流换热的两个方程式为：

(1) 边界换热微分方程式：$q = -\lambda \partial t/\partial n = \alpha \Delta t$

(2) 导热方程式：$\partial t/\partial \tau = a(\partial^2 t/\partial x^2 + \partial^2 t/\partial y^2 + \partial^2 t/\partial z^2)$

对于固体单向导热，$\partial t/\partial\tau = a\cdot(\partial^2 t/\partial x^2)$

单值条件包括以下几方面：

几何条件：说明参与过程的物体的几何形状与大小；

时间条件：说明在时间上过程进行的特点，如各物理量是否随着时间变化、如何变化；

物理条件：说明有关物质的物理现象，如流速、流体物性；

开始和边界条件：开始时或边界上进行的特点，如进口温度、壁面温度等。

2.2.3 相似理论在对流换热中应用

同类物理现象相似是指两个或两个以上的一组现象，对应物理量之比为一固定值。

$$\Phi_1'/\Phi_1'' = \Phi_2'/\Phi_2'' = \Phi_3'/\Phi_3'' = \cdots = C_\Phi$$

相似特征数是由两个或两个以上的量所组成的无因次数群，对两个对流换热现象相似，可分别列出其边界换热微分方程式：

$$\alpha'\Delta t' = -\lambda'\partial t'/\partial x';\ \alpha''\Delta t'' = -\lambda''\partial t''/\partial x''$$

根据两个现象相似，可列出下列关系

$$\alpha''/\alpha' = C_\alpha;\ t''/t' = C_t;\ \lambda''/\lambda' = C_\lambda;\ x''/x' = C_l$$

整理可得：
$$[C_\alpha C_l/C_\lambda]\cdot\alpha'\Delta t' = -\lambda'\partial t'/\partial x'$$
$$\alpha'l'/\lambda' = \alpha'l'/\lambda''$$

努塞尔数 Nu，$Nu = Kl/\lambda$，其意义是表明流体对流换热情况，Nu 越大，对流换热过程越强烈。同理，傅里叶数 $Fo = a\tau/l^2$，表明传热现象的不稳定程度。

贝克来数 $Pe = ul/a$，表示对流换热与分了导热的相互关系。

普朗特数 $Pr = Pe/Re = (ul/a)/(\rho ul/\mu) = \mu/a\rho$，表明流体动量和热量传递能力的相对大小。

弗劳德数 $Fr = \dfrac{v}{\sqrt{lg}}$，反映重力与惯性力相对关系。

格拉晓夫数 $Gr = \alpha g\Delta t l^3/v^2$，$\alpha = 1/(273 + t)$，反映由于流体各部分温度不同而引起的浮升力与黏性力的相对关系。

2.2.4 流体自由运动换热

根据流体所处的空间大小，自由运动换热分为两类：无限空间自由运动换热（炉墙向周围空间散热）和有限空间自由运动换热（流体封闭在小空间自由运动）。

2.2.4.1 无限空间自由运动换热

无限空间流体自由运动换热时（如图 2-13 所示），特征数之间关系：

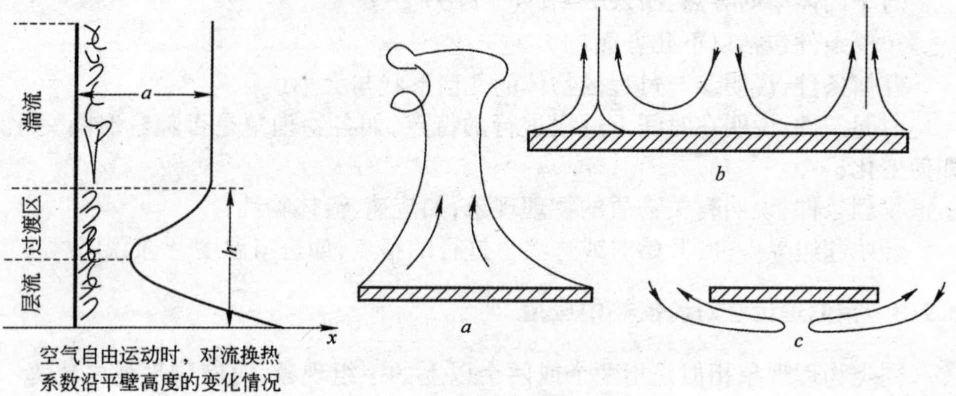

图 2-13 无限空间流体自由运动换热

$a \sim c$—靠近热平壁流体自由运动的性质

$$Nu_m = C(Gr \cdot Pr)_m^n$$

定性温度 $t_m = (t_f + t_w)/2$，对于湍流 $n = 1/3$；在工程计算中，自由对流换热系数 $a = A(t_w - t_f)^{0.25}$，C, n 按表 2-2 取值。

表 2-2 无限空间自由运动换热的 C、n 值

表面形状及位置	流态	C	n	定型尺寸	适用范围 $Gr \cdot Pr$
垂直平壁及直圆筒	层流 湍流	0.59 0.10	1/4 1/3	高度 h	$10^4 \sim 10^9$ $10^9 \sim 10^{13}$
水平圆筒	层流 湍流	0.53 0.13	1/4 1/3	外径 d	$10^4 \sim 10^9$ $10^9 \sim 10^{12}$
热面朝上或冷面朝下的水平壁	层流 湍流	0.54 0.15	1/4 1/3	平板取面积与周长之比值，圆盘取 0.9 d	$2 \times 10^4 \sim 8 \times 10^6$ $8 \times (10^6 \sim 10^{11})$
热面朝下或冷面朝上的水平壁	层流	0.58	1/5	矩形取两个边长的平均值，圆盘取 0.9 d	$10^5 \sim 10^{11}$

［例 2-6］ 竖壁外表面温度 $t_w = 60℃$，外界空气温度 $t_f = 20℃$，壁高 $h = 3$ m，求每小时通过每平方米壁表面自由运动换热量(热流密度)。

解 根据公式 $Nu_m = C(Gr \cdot Pr)_m^n$，定性温度 $t_m = (60 + 20)/2 = 40℃$，根据定性温度查本书附录 1 得出空气物性参数：$\lambda = 0.0276$ W/(m·℃)，$v = 16.96 \times 10^{-6}$ m²/s，$Pr = 0.699$。

$$Gr = g\alpha \Delta t h^3/v^2 = 9.81 \times (273 + 40)^{-1} \times (60 - 20) \times 3^3/(16.96 \times 10^{-6})^2 = 11.77 \times 10^{10}$$

$$Gr \cdot Pr = 11.77 \times 10^{10} \times 0.699 = 8.23 \times 10^{10}$$

查表 2-2, $C=0.10$, $n=1/3$; $Nu_m=0.10\times(8.23\times10^{10})^{1/3}=435$

由 $Nu_m=Kh/\lambda$; $K=Nu_m\cdot\lambda/h=435\times0.0276/3=4$ (W/(m²·℃)),

热流密度 $q=K(t_w-t_f)=4\times(60-20)=160$ (W/m²)。

2.2.4.2 有限空间流体自由运动换热

分析有限空间流体自由运动换热(如图 2-14 所示)的目的,是计算热量由高温壁通过封闭空间到低温壁的对流换热系数和对流换热量。

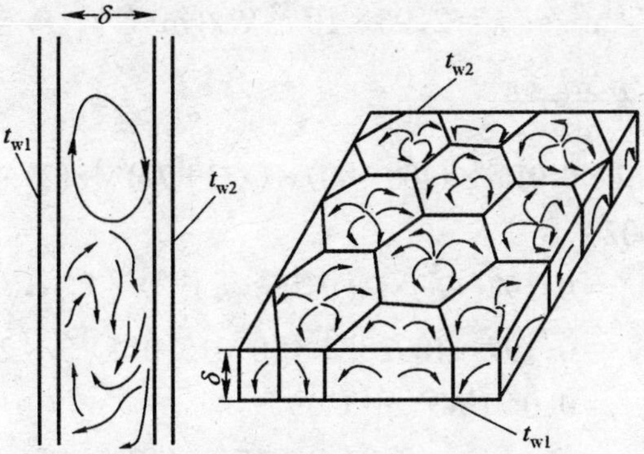

图 2-14 有限空间自由运动换热

对垂直夹层,靠近热壁的气体向上流动,靠近冷壁的气体向下流动,在一段距离内形成环流。但夹层厚度 δ 与高度 h 之比较大时($\delta/h>0.3$),边界层不会干扰,但是若 $Gr_\delta<2000$,可按纯导热计算。

对于水平壁,$Gr_\delta>1700$,管内出现如图 2-14 所示的蜂窝状分布的环流;$Gr_\delta<1700$,可按纯导热计算;$Gr_\delta>50000$,出现湍流。

夹层的热流密度 $$q=\frac{\lambda_e}{\delta}\cdot(t_{w1}-t_{w2})$$

式中 λ_e——当量热导率,$\lambda_e/\lambda=C(Gr_\delta\cdot Pr)^m\cdot(\delta/h)^n$,可按表 2-3 取值。

表 2-3 有限空间自由对流换热当量热导率

夹层位置	λ_e/λ 方程式	适用范围
垂直夹层	$0.197(Gr\cdot Pr)^{1/4}(\delta/h)^{1/9}$	$6000<Gr\cdot Pr<2\times10^5$
	$0.073(Gr\cdot Pr)^{1/3}(\delta/h)^{1/9}$	$2\times10^5<Gr\cdot Pr<1.1\times10^7$
水平夹层(热面在下)	$0.059(Gr\cdot Pr)^{0.4}$	$1700<Gr\cdot Pr<7000$
	$0.212(Gr\cdot Pr)^{1/4}$	$7000<Gr\cdot Pr<3.2\times10^5$
	$0.061(Gr\cdot Pr)^{1/3}$	$Gr\cdot Pr>3.2\times10^5$
倾斜夹层(热面在下与水平夹角 θ)	$1+1.446[1-1708/(Gr\cdot Pr\cdot\cos\theta)]$	$1708<Gr\cdot Pr\cdot\cos\theta<5900$
	$0.229(Gr\cdot Pr\cdot\cos\theta)^{0.252}$	$5900<Gr\cdot Pr\cdot\cos\theta<9.23\times10^4$
	$0.157(Gr\cdot Pr\cdot\cos\theta)^{0.285}$	$9.23\times10^4<Gr\cdot Pr\cdot\cos\theta<10^6$

［例 2-7］ 两块边长为 0.5 m 的正方形竖板构成空心夹层，夹层之间距离 15 mm，温度分别为 100℃、40℃，板内充满空气。试计算通过空气夹层的对流换热热流量。

解 根据 $q=\lambda_e/\delta\cdot(t_{w1}-t_{w2})$，求出当量热导率 λ_e，应用公式 $\lambda_e/\lambda=C(Gr_\delta\cdot Pr)^m(\delta/h)^n$，

定性温度 $t_m=(100+40)/2=70$℃，查本书附录 1 空气物性参数，

$v=20.02\times10^{-6}\text{m}^2/\text{s}$；$\lambda=2.96\times10^{-2}$ W/(m·℃)，$Pr=0.694$

$$\begin{aligned}\text{故 } Gr\cdot Pr &= \frac{g\cdot\beta\Delta tl^3\cdot Pr}{v^2}\\ &=9.81\times0.015^3\times(100-40)\times(273+70)^{-1}/(20.02\times10^{-6})^2\times0.694\\ &=10028\end{aligned}$$

$$\begin{aligned}\text{查表 2-3 可得 } \lambda_e &=0.197(Gr_\delta\cdot Pr)^{1/4}(\delta/h)^{1/9}\lambda\\ &=0.197\times10028^{1/4}\times(0.015/0.5)^{1/9}\times2.96\times10^{-2}\\ &=0.04\ (\text{W}/(\text{m}\cdot℃))\end{aligned}$$

$$\Phi=qF=\lambda_e/\delta\cdot(t_{w1}-t_{w2})F=(0.04/0.015)\times(100-40)\times0.5^2=40\ (\text{W})$$

2.2.5 流体在管内受迫运动换热

如图 2-15 所示，层流时 α_x变化持续的距离较长，达到 $L/d=100$ 以后，趋于稳定，湍流时 $L/d=20$ 才达到稳定。不同温度时，流速分布也不同。当流体在光滑管内湍流时，加热液体或冷却气体时，$Nu_f=0.023Re^{0.8}Pr^{0.4}$，当冷却液体或加热气体时，$Nu_f=0.023Re^{0.8}Pr^{0.3}$，适用条件为 $L/d>50$，$Re=10^4\sim1.2\times10^4$，$Pr=0.7\sim120$。为反映不均匀温度场的影响，采用：

$$Nu_f=0.023Re^{0.8}Pr^{1/3}(\mu_f/\mu_w)^{0.14} \tag{2-6}$$

式中 μ_f、μ_w——分别为流体温度和壁面温度下的流体黏度，Pa·s。

该式适用范围为：$L/d>50$，$Re>10^4$，$Pr=0.7\sim120$。

对于管长小于 $50d$ 的短管，Nu_f 可由公式(2-6)计算之值乘以短管修正系数 ε_L 求得，修正系数 ε_L 也可由图 2-16 查得。

对于弯管，Nu_f 可由公式(2-6)计算之值乘以弯管修正系数 ε_R，$\varepsilon_R=1+1.77d/R$（气体）或 $\varepsilon_R=1+10.3(d/R)^3$（液体）。

式中 R——弯管曲率的半径，m；

d——管子直径，m。

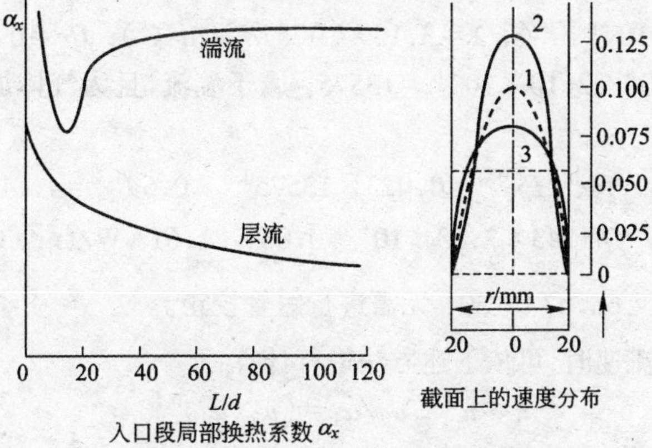

图 2-15 流体在管内受迫运动

1—等温流动；2—流体被冷却；3—流体被加热

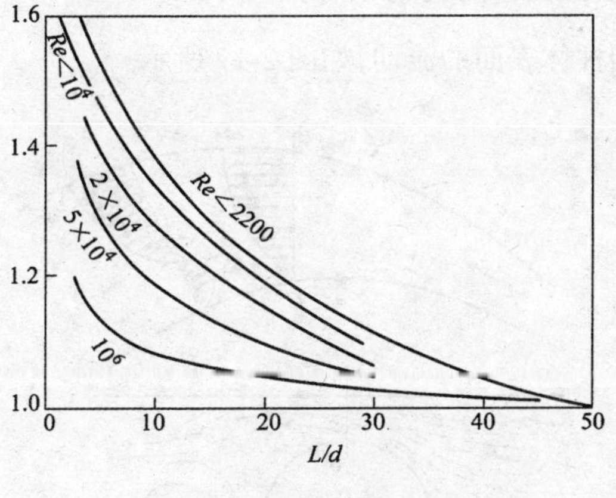

图 2-16 短管换热的修正系数

当流体在管内流动 $Re<2320$，即层流时，考虑到自由流动对速度场的影响，$Nu_f=0.15\cdot Re^{0.33}\cdot Pr^{0.43}\cdot Gr^{0.1}\cdot(Pr_f/Pr_w)^{0.25}$

也可采用：$Nu_f=1.86\cdot Re^{0.33}\cdot Pr^{0.33}\cdot(d/L)^{1/3}\cdot(\mu_f/\mu_w)^{0.14}$

适用范围是 $Re\cdot Pr\cdot d/L>10$，$Re=13\sim2030$。

[例 2-8] 空气以 5 m/s 的速度流经一直径为 60 mm 的直管而被加热，管长 4.0 m，已知空气平均温度为 90℃，管壁温度为 140℃，求管壁与空气间的对流换热系数。若提高空气流速到 10 m/s 和 15 m/s，对流换热系数各为多少？

解 首先确定雷诺数 Re，以确定流态。

当 $t_f = 90℃$，查附录1，得空气物性参数：

$v = 22.10 \times 10^{-6}\ m^2/s$；$\lambda = 3.13 \times 10^{-2}\ W/(m·℃)$；$Pr = 0.69$；

$Re_f = 5 \times 0.06 / 22.10 \times 10^{-6} = 13575$，属于湍流，且为气体加热的情况，代入下式：

$Nu_f = 0.023 \times Re^{0.8} Pr^{0.3} = 0.023 \times 13575^{0.8} \times 0.69^{0.3} = 41.43$

$K = Nu_f \lambda / d = 41.43 \times 3.13 \times 10^{-2} / 0.06 = 21.61\ (W/(m^2·℃))$

$L/d = \dfrac{4}{0.06} = 66.67 > 50$，无需进行短管校正。

当提高空气流速时，可依下述方法进行计算：

$$\alpha \propto u^{0.8},\ \alpha_2/\alpha_1 = (u_2/u_1)^{0.8}$$

$$\alpha_2 = \alpha_1 \cdot (u_2/u_1)^{0.8} = 21.61 \times (10/5)^{0.8} = 37.63\ (W/(m^2·℃))$$

$$\alpha_3 = \alpha_1 \cdot (u_3/u_1)^{0.8} = 21.61 \times (15/5)^{0.8} = 52.08\ (W/(m^2·℃))$$

2.2.6　流体横向流过圆管的换热

流体绕光滑圆柱体表面的流动，如图2-17所示。

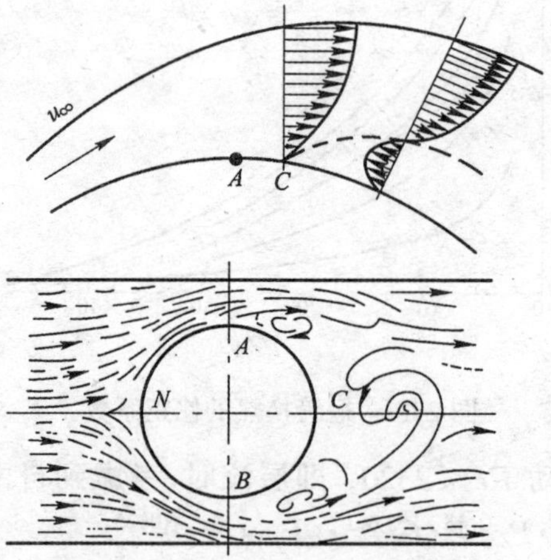

图2-17　横掠单圆管流动边界层

当流体垂直流向圆柱体表面的 N 点时，流体速度为零，压强最大。在压强差作用下，流体分道，在黏性作用下形成边界层，流速逐渐增加，达到 A 点，速度最大；但到了 C 点，发生倒流，故 C 点为分离点。该点位置不固定，与物体形状、表面粗糙度及流体运动状态有关。

如图 2-18 所示，壁面边界层的状态，局部换热系数 α_ϕ 从管的正面 0°开始，随边界层厚度的增加而下降。在 90°～100°时降低到最小值，管后的流体具有强烈的漩涡，换热系数重新增加。

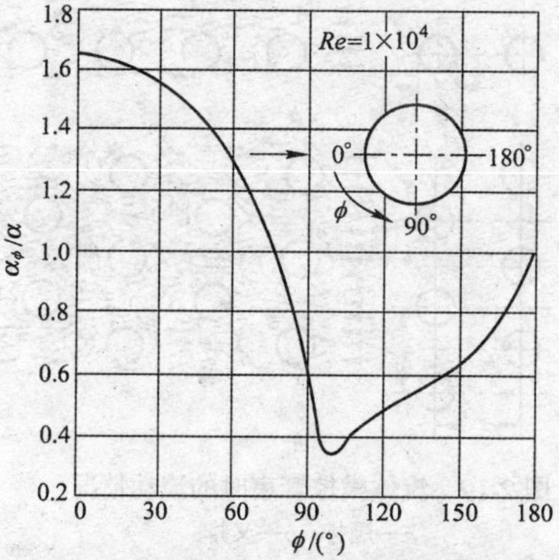

图 2-18 横掠圆管局部换热系数的变化

对于空气横掠单圆管，$Pr=0.7$；$Nu_m=1.12C\cdot Re_m^n\cdot Pr_m^{1/3}$，式中 C 和 n 值根据 Re 由表 2-4 中查出。

表 2-4 **C 及 n 值**

Re	*C*	*n*
1～4	0.891	0.330
4～40	0.821	0.385
40～4×10³	0.615	0.466
4×10³～4×10⁴	0.174	0.618
4×10⁴～2.5×10⁵	0.0239	0.805

在工业设备中，多为气体横向流过管束，气体流速将受各排管子的连续干扰，因此对管束的换热，必须考虑一些新的因素，如管子的排列方式、管子间距、管子排数、管子直径等。流体横掠管束时的流动情况如图 2-19 所示。

当管数的排数和每排的管数都大于 10 时，可以消除边缘和进口条件对平均换热系数的影响。当管子排数大于 10 时，顺排和叉排的平均换热系数可按表 2-5 所示公式进行计算，表中各公式的定性温度用流体在管束中的平均温度，定形尺寸为管外径，Re 数中的速度用流通截面最窄处的流速。当排数小于 10 时，应乘以表 2-6 中修正系数 ε。

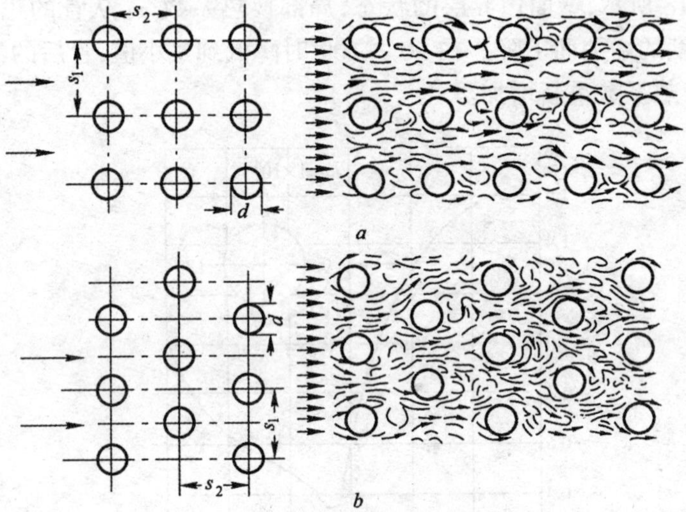

图 2-19 流体横掠管束时的流动情况
a—顺排；b—叉排

表 2-5 管束平均换热系数特征数方程式

排列方式	适用范围	特征数方程式	空气或烟气简化式 ($Pr=0.7$)
顺排	$Re=10^3\sim2\times10^5$ $Re>2\times10^5$	$Nu_f=0.27Re^{0.63}Pr_f^{0.36}(Pr_f/Pr_w)^{0.25}$ $Nu_f=0.021Re^{0.84}Pr_f^{0.36}(Pr_f/Pr_w)^{0.25}$	$Nu_f=0.24Re^{0.63}$ $Nu_f=0.018Re^{0.84}$
叉排	$Re=10^3\sim2\times10^5$ $s_1/s_2\leqslant2$ $s_1/s_2>2$ $Re>2\times10^5$	$Nu_f=0.35Re^{0.6}Pr_f^{0.36}(Pr_f/Pr_w)^{0.25}(s_1/s_2)^{0.2}$ $Nu_f=0.40Re^{0.6}Pr_f^{0.36}(Pr_f/Pr_w)^{0.25}$ $Nu_f=0.022Re^{0.84}Pr_f^{0.36}(Pr_f/Pr_w)^{0.25}$	$Nu_f=0.31Re^{0.6}(s_1/s_2)^{0.2}$ $Nu_f=0.35Re^{0.6}$ $Nu_f=0.019Re^{0.84}$

表 2-6 管排数的修正系数 ε

排数		1	2	3	4	5	6	7	8	9	10
修正系数 ε	顺排	0.64	0.80	0.87	0.90	0.92	0.94	0.96	0.98	0.99	1.0
	叉排	0.68	0.75	0.83	0.89	0.92	0.95	0.97	0.98	0.99	1.0

［例 2-9］ 烟气经换热器管束的平均温度为 900℃，壁面温度为 600℃，换热器部分烟气流速为 4.5 m/s，换热器管外直径为 57 mm，管束按叉排方式排列，$s_1=2d$，$s_2=2d$，共 6 排。试计算烟气流经换热器管束的平均换热系数 α。

解 烟气温度 $t_f=900$℃，查本书附录 2，得烟气物性参数：$v=152.5\times10^{-6}\text{m}^2/\text{s}$，$\lambda=0.1$ W/(m·℃)，$Pr_f=0.59$，$Pr_w=0.62$；$Re=ud/v=4.5\times0.057/(152.5\times10^{-6})=1682$

由表 2-5 查出：$Nu_f = 0.35Re^{0.6}Pr_f^{0.36}(Pr_f/Pr_w)^{0.25}(s_1/s_2)^{0.2}$

$$= 0.35\times 1682^{0.6}\times 0.59^{0.36}\times (0.59/0.62)^{0.25} = 24.79$$

$$\alpha = Nu\lambda/d = 24.79\times 0.1/0.057 = 43.49\ (\mathrm{W/(m^2\cdot ℃)})$$

因为排数小于 10，故应该乘以修正系数 ε，查表 2-6 得到 ε = 0.95。

则 $\alpha = 43.49\times 0.95 = 41.32\ (\mathrm{W/(m^2\cdot ℃)})$

2.3 热辐射

不同波长的电磁波投射到物体上会产生不同效应，根据这些不同的效应将电磁波分成许多波段，如图 2-20 所示。热射线的传播过程称为热辐射。投射到物体上的总能量 Q，其中一部分 Q_A 被吸收，一部分 Q_R 被反射，另一部分 Q_D 被透射，如图 2-21 所示。

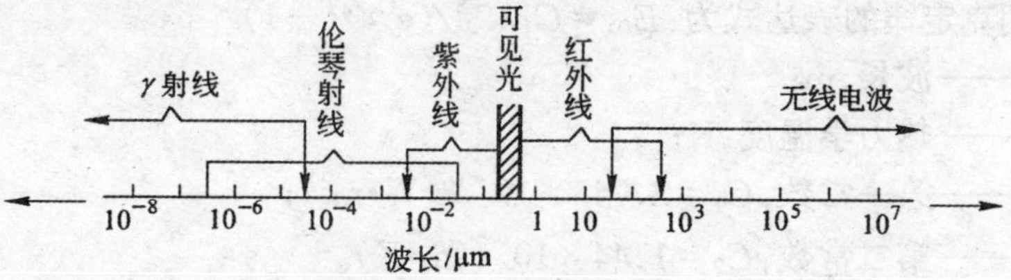

图 2-20 电磁波谱

$$Q_A + Q_R + Q_D = Q$$

$$Q_A/Q + Q_R/Q + Q_D/Q = 1$$

$Q_A/Q = A$，为吸收率；$Q_R/Q = R$，为反射率；$Q_D/Q = D$，为透过率。

所以 $A + R + D = 1$。

$A = 1$，全部吸收，称为黑体；$R = 1$，完全反射，称为白体；$D = 1$，称为透热体。

黑体对于研究热辐射具有很重要的意义，它可以用人工的方法制造出来。如图 2-22 所示，射线进入空腔后，经过多次反射和吸收，可以认为全部吸收。

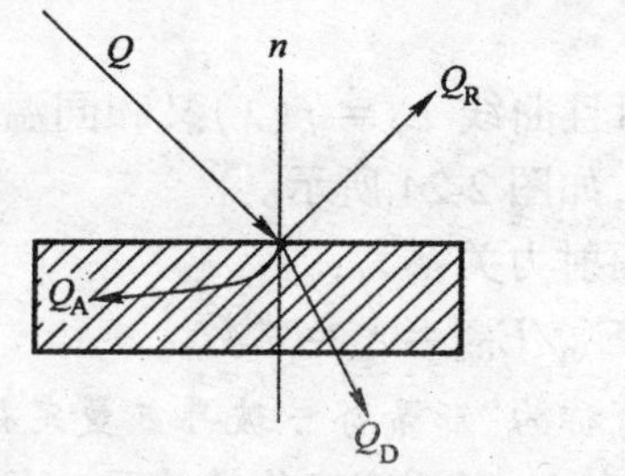

图 2-21 热射线被吸收、反射和透过示意图

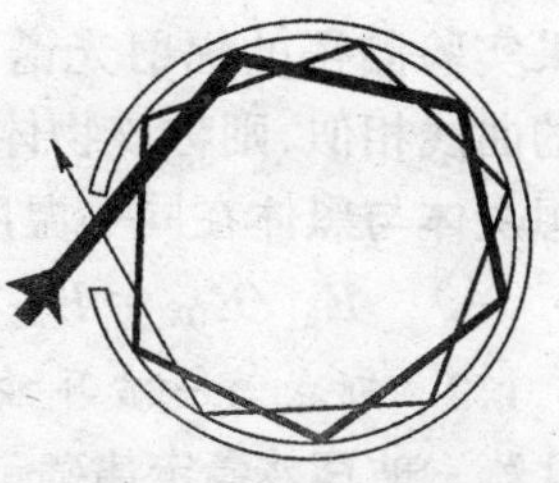

图 2-22 热工黑体模型

2.3.1 热辐射基本定律

2.3.1.1 普朗克定律

(1) 辐射力

辐射力为单位时间、单位面积上物体向半球空间辐射的波长 λ 从 $0\sim\infty$ 范围内的总能量，用 E 表示，单位为 W/m^2。

(2) 单色辐射力

物体辐射的能量按波长分布规律是不均匀，在 $\lambda\sim\lambda\pm d\lambda$ 这一波段范围内，辐射能量为 dE，$E_\lambda = dE/d\lambda = \lim\Delta E/\Delta\lambda$，$(\Delta\lambda\to 0)$。

$\Delta E/\Delta\lambda$ 表示单位波长范围内的辐射力，其极限称为单色辐射力，以 E_λ 表示，单位为 $W/m^2\cdot\mu m$。

普朗克定律的表达式为：$E_{0\lambda} = C_1\lambda^{-5}/(e^{C_2/\lambda T}-1)$

式中　λ——波长，m；

T——热力学温度，K；

C_1——第一常数，$C_1 = 3.743\times10^{-16}(W\cdot m^2)$；

C_2——第二常数，$C_2 = 1.44\times10^{-2}(m\cdot K)$。

普朗克定律所揭示的关系如图 2-23 所示。当 $\lambda = 0$，$E_{0\lambda} = 0$，波长增加时，$E_{0\lambda}$随之增大；当波长增大到一定值时，$E_{0\lambda}$达到最大值，之后随波长增加又逐渐减小。故存在一个极值 $E_{0\lambda}$，对应最大值的波长 λ_{max}，与热力学温度 T 之间由维恩定律确定：

$$\lambda_{max}T = 2.9\times10^{-3}(m\cdot K)$$

图 2-23 中还可看出，黑体温度在 1400 K 以下时，辐射能量的绝大部分为 $0.76\sim10\ \mu m$。

(3) 灰体的辐射

实际物体单色辐射力随波长和温度所发生的变化，可以根据该物体辐射光谱的实验测定。

如果实验测得的辐射光谱是连续的，而且曲线 $E_\lambda = f(\lambda)$ 又和同温度下黑体相当的曲线相似，则称该物体为理想灰体，如图 2-24 所示。

理想灰体与黑体在同一温度下的单色辐射力关系为：

$$E_{\lambda1}/E_{0\lambda1} = E_{\lambda2}/E_{0\lambda2} = \cdots = E_{\lambda n}/E_{0\lambda n} = \varepsilon_\lambda = \text{常数}$$

2.3.1.2 斯忒藩－玻耳兹曼定律，也有称为“斯蒂芬－玻耳兹曼定律”

斯忒藩－玻耳兹曼定律确定了黑体辐射力 E_0 随温度变化的关系。由图2-23

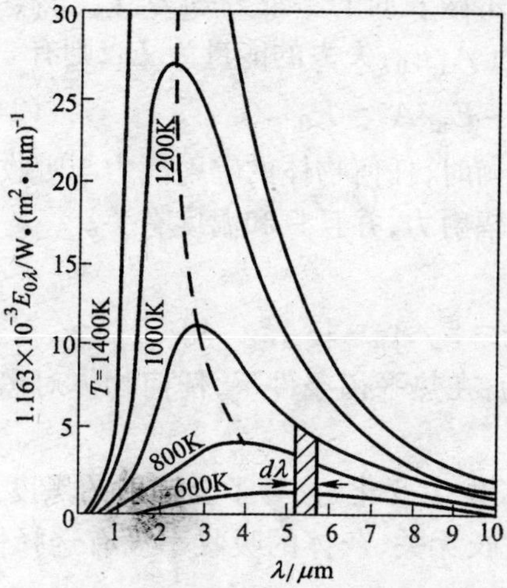

图 2-23 普朗克定律所揭示的关系（$E_{0\lambda}=f(\lambda,T)$）

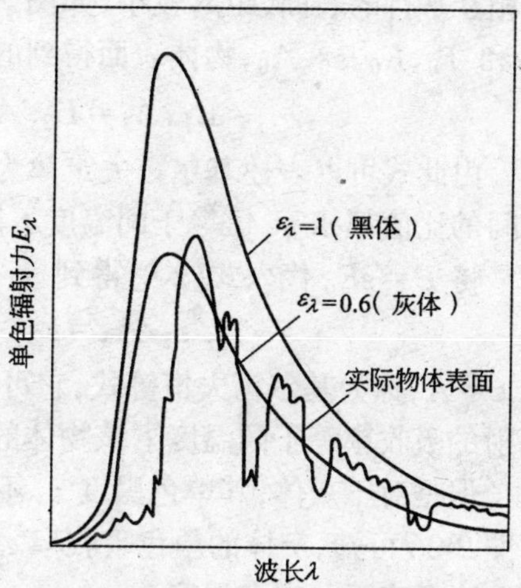

图 2-24 在同一温度下，黑体、灰体和实际物体表面单色辐射力的比较

可以看出，由等温线、横轴和两条纵坐标 λ 与 $\lambda+\mathrm{d}\lambda$ 所包围的面积就是 $\mathrm{d}\lambda$ 波长间隔的辐射力：

$$\mathrm{d}E_0=E_{0\lambda}\mathrm{d}\lambda$$

将 $E_{0\lambda}$在波长从 0 到∞的范围内对 λ 进行积分，就可以得出黑体的辐射力：

$$E_0=\int_0^{\infty}E_{0\lambda}\mathrm{d}\lambda \tag{2-7}$$

将 $E_{0\lambda}=C_1\lambda^{-5}/(\mathrm{e}^{C_2/\lambda T}-1)$代入式(2-7)并积分：$E_0=\sigma_0T^4$。

式中 σ_0——黑体的辐射常数，其值为 5.67×10^{-8} W/($m^2\cdot K^4$)；

E_0——黑体辐射力，W/m^2。

或者，$E_0=C_0(T/100)^4$。

式中 C_0——黑体辐射系数，其值为 5.67 W/($m^2\cdot K^4$)。

对于灰体，辐射力 E 经过计算可得出为

$$E=\int_0^{\infty}\varepsilon_\lambda\cdot E_{0\lambda}\mathrm{d}\lambda=\varepsilon_\lambda E_0=\varepsilon\cdot C_0(T/100)^4=C(T/100)^4$$

式中 C——灰体辐射系数，其值为 0～5.67 W/($m^2\cdot K^4$)。

灰体的黑度 ε（ε 即为灰体辐射力和同温度下黑体辐射力的比值）可以表示为 $\varepsilon=E/E_0$。

2.3.1.3 基尔霍夫定律

基尔霍夫定律确定了任意物体辐射力 E 与吸收率 A 之间的关系。设有两

个相互平行的表面，距离较小，如图2-25所示两表面的参数分别为 T_1、E_1、ε_1、A_1和 T_0、E_0、ε_0、A_0，物体表面得到的能量为 A_1E_0，失去的能量为 E_1，则有

$$E_1/A_1 = E_2/A_2 = \cdots = E_n/A_n = E_0 \tag{2-8}$$

由此式可以表述基尔霍夫定律为：热平衡时，任何物体的辐射能力与吸收率之间的比值都相等，恒等于同温度下黑体的辐射力，并且只和温度有关。

将 $E=\varepsilon E_0$ 代入式(2-8)得到

$$\varepsilon_1/A_1 = \varepsilon_2/A_2 = \cdots = \varepsilon_n/A_n = 1$$

即 $\varepsilon = A$，称为基尔霍夫恒等式，它可表述为：在热平衡条件下，任何物体对黑体辐射的吸收率等于同温度下该物体的黑度。

但是对于灰体，其单色黑度 ε_λ 不随波长发生变化，且等于全辐射的黑度 ε。由图2-26可知，灰体的单色吸收率 A_λ 与波长无关，灰体的吸收率没有选择性，只取决于表面状态和温度。

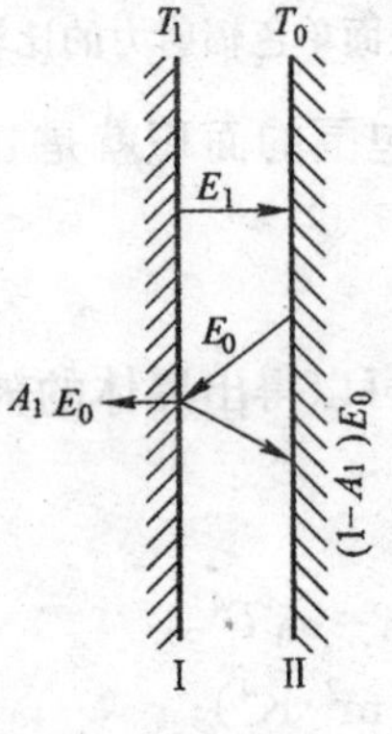

图2-25　基尔霍夫定律的推演

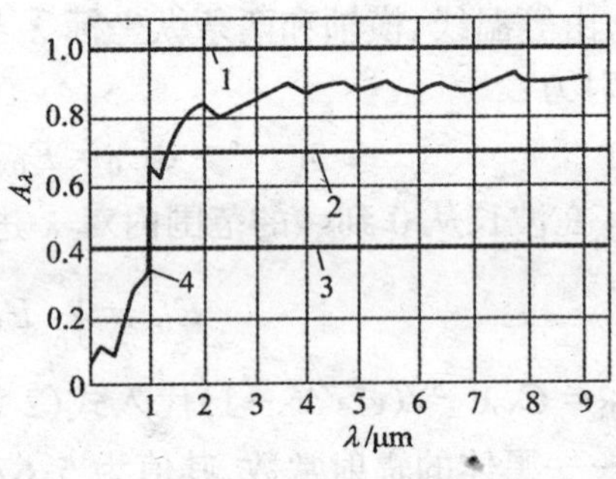

图2-26　黑体、灰体和实际物体的 A_λ 与 λ 关系

1—黑体；2—$A=0.7$ 灰体；3—$A=0.4$ 灰体；4—实际物体

2.3.1.4　兰贝特定律

黑体沿各方向的辐射变化服从兰贝特定律。该定律指出：微元表面 dF_1 沿各个方向所辐射的能量是不同的，随该方向和微元表面法线间所构成的夹角 ϕ 而变化，如图2-27所示。在法线方向（$\phi=0$）上，辐射能量最大，到 $\phi=\pi/2$，减少到零，它们之间的关系可表示为：

$$E_\phi = E_n \cdot \cos\phi$$

此式即为兰贝特定律，也称为辐射的余弦定律。

式中，E_ϕ 及 E_n 分别指微元表面沿法线方向及 ϕ 方向每单位表面积在单位时间内、单位立体角所辐射的能量。

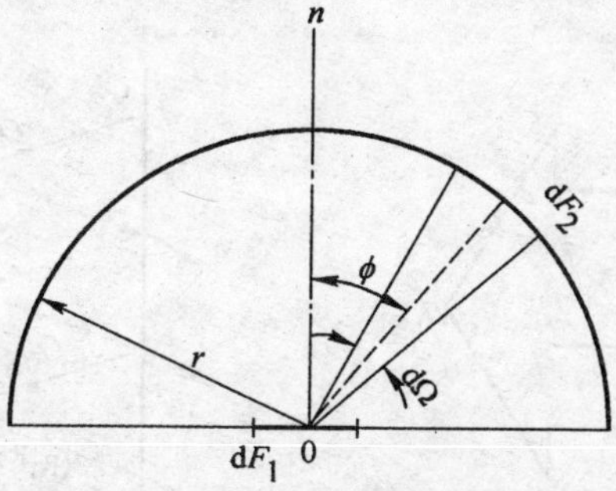

图 2-27 兰贝特定律的推演

对于微元表面在所有方向的总辐射力 E,应按立体角以整个半球面($\Omega=2\pi$)范围内加以积分得出：

$$E=\int_0^{2\pi}E_\phi\cos\phi\,\mathrm{d}\Omega=\int_0^{2\pi}E_\mathrm{n}\mathrm{d}\Omega$$

将立体角 $\mathrm{d}\Omega=\mathrm{d}F_2/r^2=\sin\phi\mathrm{d}\phi\mathrm{d}\psi$ 带入上式,得

$$E=\int_0^{2\pi}E_\phi\mathrm{d}\Omega=\int_0^{2\pi}E_\mathrm{n}\cos\phi\,\mathrm{d}\Omega=E_\mathrm{n}[1/2\cdot\sin^2\phi]_0^{\pi/2}\cdot 2\pi=\pi\cdot E_\mathrm{n}$$

所以 $E_\mathrm{n}=E/\pi=1/\pi\cdot\varepsilon C_0(T/100)^4$,单位为 $\mathrm{W/(sr\cdot m^2)}$。

2.3.2 物体之间的辐射换热计算

分析热辐射的目的之一是要计算物体间的辐射换热量,与物体形状、位置极有关系。计算物体间的辐射换热量,首先要求得角系数。某些物体之间的角系数可参见有关书籍。

2.3.2.1 平行平面间的辐射换热

首先研究最简单情况下的辐射换热。设有两个无限大平面(黑体),$T_1>T_2$,两个平面的辐射能力为 E_{01}和 E_{02},辐射换热的最终结果是 1 面净给 2 面热流密度。

$$q_{12}=E_{01}-E_{02}=C_0[(T_1/100)^4-(T_2/100)^4]$$

如果两个平面都是灰体,情况则较为复杂,如图 2-28 所示有效辐射、投射辐射和反射辐射之间的关系,它表明灰体 I 的有效辐射 J_1 为灰体每单位表面的本身辐射和反射辐射之和：

$$J_1=\varepsilon_1E_{01}+R_1G=\varepsilon_1E_{01}+(1-A_1)G$$

如图 2-29 所示,平面Ⅰ和平面Ⅱ彼此平行放置,平面的尺寸比它们的距离要大得多,以至于一个表面所辐射的能量全部落在了另一个平面上。

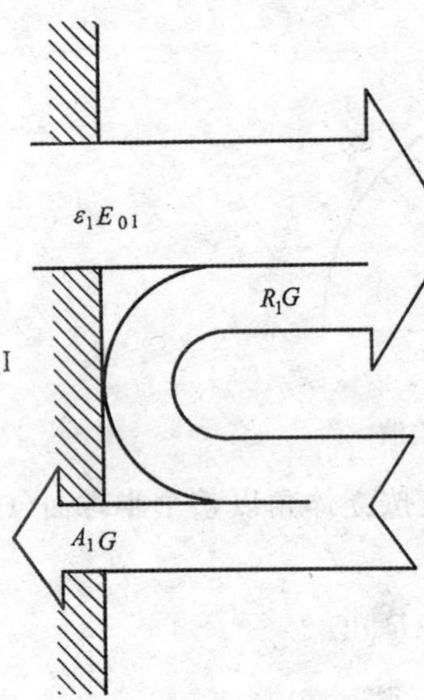

图 2-28　有效辐射示意图

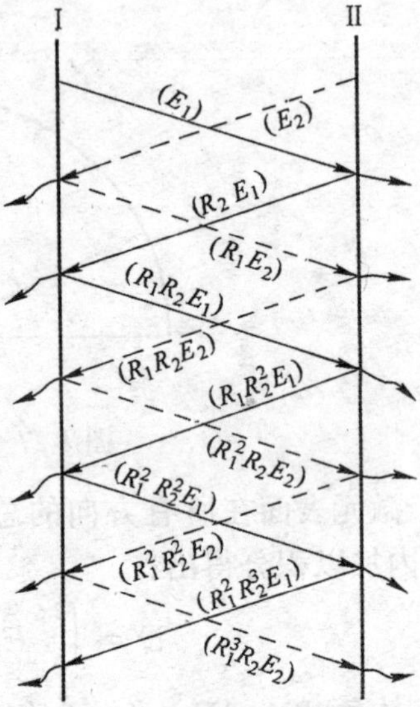

图 2-29　两个互相平行的灰体表面间辐射换热

Ⅰ面的有效辐射为本身辐射 E_1 和全部反射辐射之总和，其中包括

$$E_1(1+R_1R_2+R_1^2R_2^2+\cdots)\text{及 } E_2R_1(1+R_1R_2+R_1^2R_2^2+\cdots)$$

Ⅰ面有效辐射应该为两个无穷级数的能量之和，可表示为

$$J_1=E_1/(1-R_1R_2)+E_2R_1/(1-R_1R_2)=(E_1+E_2R_1)/(1-R_1R_2)$$

同理，Ⅱ面的有效辐射为

$$J_2=(E_2+R_2E_1)/(1-R_1R_2)$$

对于固体，$A+R=1$，以及黑体 $A=\varepsilon$，则：

$$\begin{aligned} q_{12}=J_1-J_2&=(E_{01}-E_{02})/(1/\varepsilon_1+1/\varepsilon_2-1)\\ &=C_0[(T_1/100)^4-(T_2/100)^4]/(1/\varepsilon_1+1/\varepsilon_2-1)\\ &=\varepsilon_s C_0[(T_1/100)^4-(T_2/100)^4] \end{aligned}$$

式中　ε_s——辐射换热系统的系统黑度，$\varepsilon_s=(1/\varepsilon_1+1/\varepsilon_2-1)^{-1}$；

T_1、T_2——分别为 I、II 两平面的温度，K。

2.3.2.2　一灰体包围另一灰体表面之间的辐射换热

如图 2-30 所示，灰体 1 的外表面与包壳 2 的内表面的温度、黑度以及面积分别为 T_1、ε_1、F_1 和 T_2、ε_2、F_2，两表面间的辐射换热流量为 Φ_{12}，则

$$\Phi_{12}=J_1F_1\phi_{12}-J_2F_2\phi_{21}$$

表面 1 为凸面(或平面)且完全被表面 2 所包围，因此有效辐射 J_1 可以完全

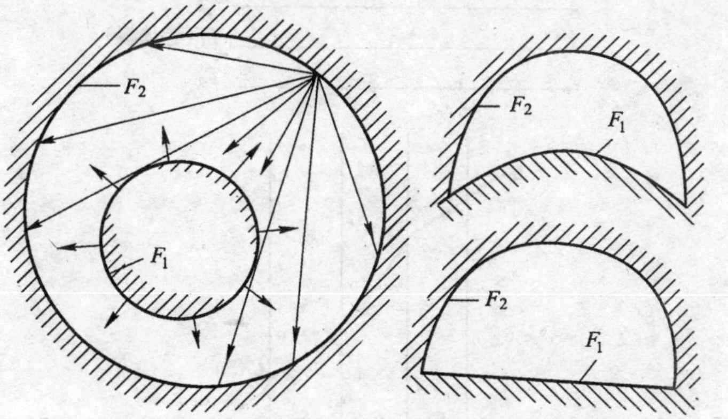

图 2-30 一灰体被另一灰体包围时表面间的辐射热交换

到达表面 2，角系数 $\phi_{12}=1$；表面 2 的有效辐射 J_2 只有部分投射到表面 1 上，其余部分又投射到本身表面上，根据 $F_2\phi_{21}=F_1\phi_{12}$，得 $\phi_{21}=(F_1/F_2)\cdot\phi_{12}$

$$\Phi_{12}=[E_{01}-(1/\varepsilon_1-1)q_{12}]F_1-\phi_{21}[E_{02}-(1/\varepsilon_2-1)q_{21}]F_2$$
$$=[E_{01}F_1-(1/\varepsilon_1-1)\Phi_{12}]-\phi_{21}[E_{02}F_2-(1/\varepsilon_2-1)\Phi_{21}]$$

因为研究的是封闭体系，因此 1 面上的热收入等于 2 面上的热支出 $\Phi_{12}=-\Phi_{21}$，故：

$$\Phi_{12}=(E_{01}-E_{02})F_1\cdot[1/\varepsilon_1+(1/\varepsilon_2-1)\phi_{21}]^{-1}=\varepsilon_s C_0[(T_1/100)^4-(T_2/100)^4]F_1$$

式中 ε_s——该换热场的系统黑度，$\varepsilon_s=[1/\varepsilon_1+(1/\varepsilon_2-1)\ \phi_{21}]^{-1}$。

[例 2-10] 钢管长度 3 m，直径为 70 mm，管壁温度 T_1 为 500 K，将其放置于截面为 0.3 m×0.3 m 的砖槽内，槽内壁温度 T_2 为 300 K，求该钢管的辐射热损失。

解 设钢管壁面为 1 面，砖壁面为 2 面。

根据公式，钢管与砖壁之间的辐射换热量为

$$\Phi_{12}=\varepsilon_s C_0[(T_1/100)^4-(T_2/100)^4]F_1$$

由于砖槽包围钢管 $\Phi_{12}=1$，$\Phi_{21}=F_1/F_2=0.07\times3\times\pi/(0.3\times3\times4)$

$$\varepsilon_s=1/[1/\varepsilon_1+(1/\varepsilon_2-1)\cdot(F_1/F_2)]$$

查附录 6 得黑度 $\varepsilon_1=0.8$，砖壁黑度 $\varepsilon_2=0.93$，得 $\varepsilon_s=0.79$，得到 $\Phi_{12}=1608$ W。

2.3.2.3 有遮热板存在时的辐射换热

假设有两个平行平面，中间有一遮热板，如图 2-31 所示，假定它们具有相同的黑度，计算其热流密度。

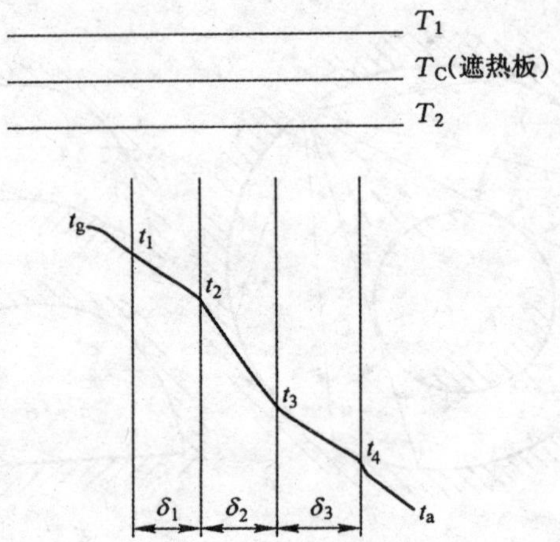

图 2-31　遮热板示意图

没遮热板时的热流密度为：$q_{12}=\varepsilon_s C_0[(T_1/100)^4-(T_2/100)^4]$。

第一个表面传到遮热板的热流密度为 $q_{1C}=\varepsilon_s' C_0[(T_1/100)^4-(T_C/100)^4]$；

遮热板传到第二个表面的热流密度为 $q_{C2}=\varepsilon_s'' C_0[(T_C/100)^4-(T_2/100)^4]$。

如果 $\varepsilon_s=\varepsilon_s'=\varepsilon_s''$，则 $q_{1C}=q_{C2}=0.5q_{12}$；若有 n 块遮热板，$q_n=q/(n+1)$。

2.3.2.4　通过小孔口的辐射热损失

小孔的散热损失：　$\Phi=C_0[(T_1/100)^4-(T_2/100)^4]\beta F$；

式中　T_1, T_2——分别为炉膛内外温度，K；

F——小孔截面积，m^2；

β——门孔系数。

若小孔用金属板盖住，辐射换热损失为：

$$\Phi=\varepsilon_m C_0[(T_1/100)^4-(T_2/100)^4]F\beta/(1+\beta)$$

式中　ε_m——金属板的黑度。

2.3.3　气体辐射

2.3.3.1　气体辐射的特点

不同的气体所具有的辐射和吸收辐射的能力大小不同，在窑炉中燃料燃烧产生的多原子气体，如二氧化碳(CO_2)、水(H_2O)等具有相当大的辐射和吸收辐射的能力。气体辐射具有如下特点：

(1) 气体辐射只能辐射和吸收某一波长间隔 $\Delta\lambda$ 中的辐射能，即气体的辐射和吸收具有选择性。

(2) 气体的辐射和吸收在整个容器中进行。当热射线穿过气体层时，沿途被气体分子吸收而减弱，辐射减弱程度取决于沿途所遇到的气体分子数。气体的单色吸收率 A_λ 是气体温度 T、气体层厚度 s 与气体分压 p 的乘积的函数，即 $A_\lambda = f(T, ps)$。

2.3.3.2 气体辐射力

气体的辐射力 E 不与热力学温度的四次方成正比，二氧化碳和水蒸气的辐射力 E(单位为 W/m^2)分别为

$$E(CO_2) = 4.07(p \cdot s)^{1/3}(T/100)^{3.5}$$

$$E(H_2O) = 4.07(p^{0.8} \cdot s^{0.6})(T/100)^3$$

但实际计算仍以四次方定律为基础，但必须对气体黑度 ε_g 加以校正。为了计算气体黑度，必须知道气体温度、气体分压($p(CO_2)$, $p(H_2O)$)和射线行程 s。行程 $s = 0.9 \times (4V)/F$，其中 V 为容器体积，m^3；F 为表面积，m^2。

若已知各气体的 p、s、T，可查出其黑度(见有关书籍)。对 $\varepsilon(CO_2)$ 和 $\varepsilon(H_2O)$ 的修正值可查出(见有关书籍)。混合气体的黑度 $\varepsilon_g = \varepsilon(H_2O) + \varepsilon(CO_2) - \Delta\varepsilon$，一般 $\Delta\varepsilon$ 不超过 2%～4%，工程计算可忽略。

2.3.3.3 气体与固体壁面间的辐射换热

气体被固体壁面所包围，气体和固体壁面温度分别为 T_g 和 T_w，假定固体壁面为黑体，其热流密度为

$$q_{g-w} = E_g - A_g E_w = \varepsilon_g C_0 (T_g/100)^4 - A_g C_0 (T_w/100)^4$$

式中 ε_g——气体黑度，$\varepsilon_g = \varepsilon(CO_2) + \varepsilon(H_2O)$；

A_g——气体吸收率，$A_g = A(CO_2) + A(H_2O)$。

此时二氧化碳和水蒸气的吸收率 $A(CO_2)$、$A(H_2O)$ 可按如下公式近似计算

$$A(CO_2) = \varepsilon'(CO_2)(T_g/T_w)^{0.65}; A(H_2O) = \varepsilon'(H_2O)(T_g/T_w)^{0.45}$$

$\varepsilon'(CO_2)$ 和 $\varepsilon'(H_2O)$ 的数值，分别应按壁面温度 T_w 和 $p \cdot s(T_w/T_g)$ 可由图 2-32 至图 2-35 查出来。

当包围气体壁面是黑度为 $\varepsilon_w = 0.8 \sim 1.0$ 的灰体时，ε'_w 近似为 $0.5(1+\varepsilon_w)$，最后热流密度为

$$q_{g-w} = \varepsilon'_w C_0 [\varepsilon_g (T_g/100)^4 - A_g (T_w/100)^4]$$

[例 2-11] 烟气中 $\varphi(CO_2)$ 为 8% 和 $\varphi(H_2O)$ 为 10%，流过一圆形管道 $d = 0.6$ m，烟气温度在进口处 $t'_g = 1000$℃，在出口处 $t''_g = 800$℃，管道内表面温度在进口处 $t'_w = 625$℃，出口处 $t''_w = 575$℃，管道表面黑度 $\varepsilon_w = 0.8$。试求气体辐射给每平方米管道内表面的热流密度。(混合气体压力为 10^5 Pa)。

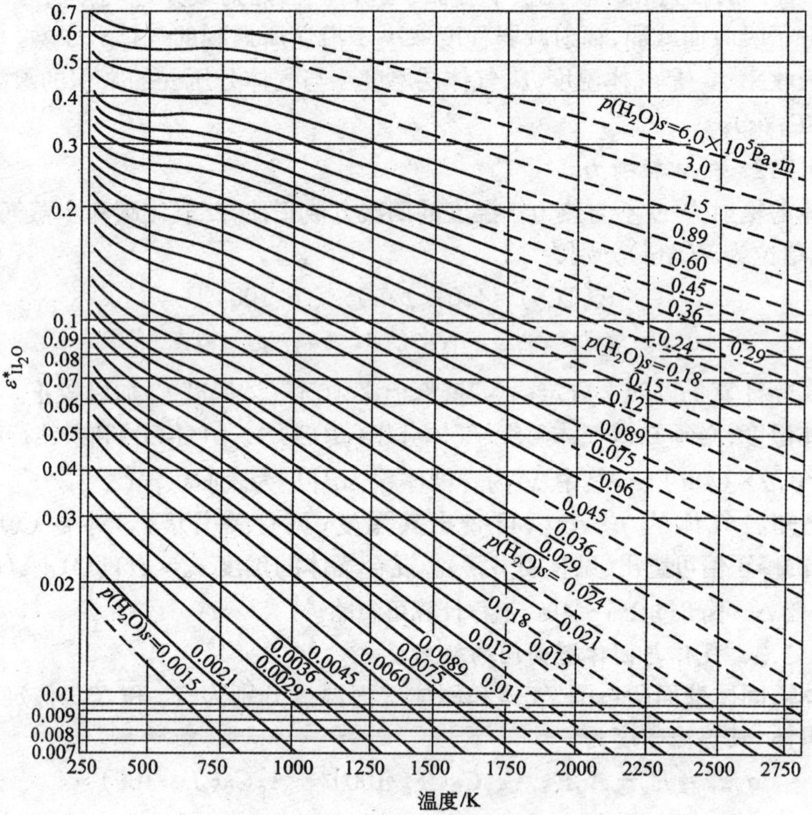

图 2-32　水蒸气的黑度（$\varepsilon^*_{H_2O}$）

解　根据气体和包围它的固体壁面之间的辐射热交换的计算公式

$$q_{g-w}=\varepsilon'_w C_0[\varepsilon_g(T_g/100)^4-A_g(T_w/100)^4]$$

依次计算有关数值，$\varepsilon'_w=(1+\varepsilon_w)/2=(0.8+1)/2=0.9$

气体的平均温度　$t_g=(1000+800)/2=900℃$

查出有效平均射线长度为

$$s=0.9d=0.9\times0.6=0.54\ (m)$$

$$p(CO_2)=8\times10^3\ Pa,\ p(CO_2)s=8\times10^3\times0.54=4.3\times10^3(Pa\cdot m)$$

$$p(H_2O)=10\times10^3\ Pa,\ p(H_2O)s=10\times10^3\times0.54=5.4\times10^3(Pa\cdot m)$$

查得　　　$\varepsilon(CO_2)=0.08,\ \varepsilon(H_2O)=0.07, C_{H_2O}=1.08$

$$\varepsilon_g=\varepsilon(CO_2)+C_{H_2O}\varepsilon(H_2O)=0.08+1.08\times0.07=0.156$$

气体吸收率的计算：根据公式 $A(CO_2)=\varepsilon'(CO_2)(T_g/T_w)^{0.65}$

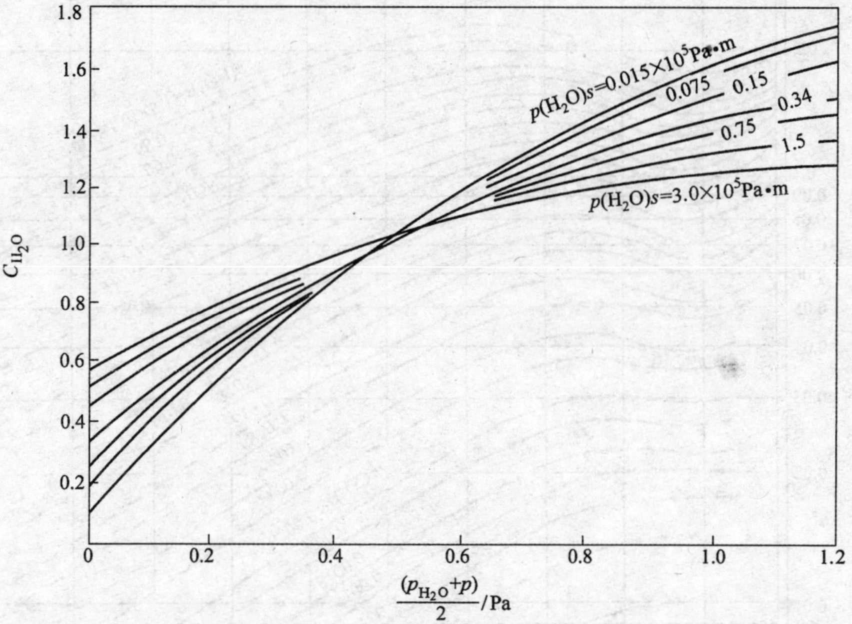

图 2-33 水蒸气黑度修正值(C_{H_2O})

$$A(H_2O)=\varepsilon'(H_2O)(T_g/T_w)^{0.45}$$

壁面平均温度 $t_w=(625+575)/2=600$ ℃

$$p(CO_2)s(T_w/T_g)=8\times10^3\times0.54\times(873/1173)=3.2\times10^3$$

$$p(H_2O)s(T_w/T_g)=10\times10^3\times0.54\times(873/1173)=4.0\times10^3$$

根据 t_w 及 $ps(T_w/T_g)$查得:

$\varepsilon(CO_2)=0.080$, $\varepsilon(H_2O)=0.085$, $C_{H_2O}\varepsilon(H_2O)=1.08\times0.085=0.092$

$$A(CO_2)=0.08\times(1173/873)^{0.65}=0.097;$$

$$A(H_2O)=0.092\times(1173/873)^{0.45}=0.105$$

$$A_g=A(CO_2)+A(H_2O)=0.097+0.105=0.202$$

故:
$$\begin{aligned}q_{g-w}&=\varepsilon'_w C_0[\varepsilon_g(T_g/100)^4-A_g(T_w/100)^4]\\&=0.9\times5.67\times[0.156\times(1173/100)^4-0.202\times(873/100)^4]\\&=9084\ (W/m^2)\end{aligned}$$

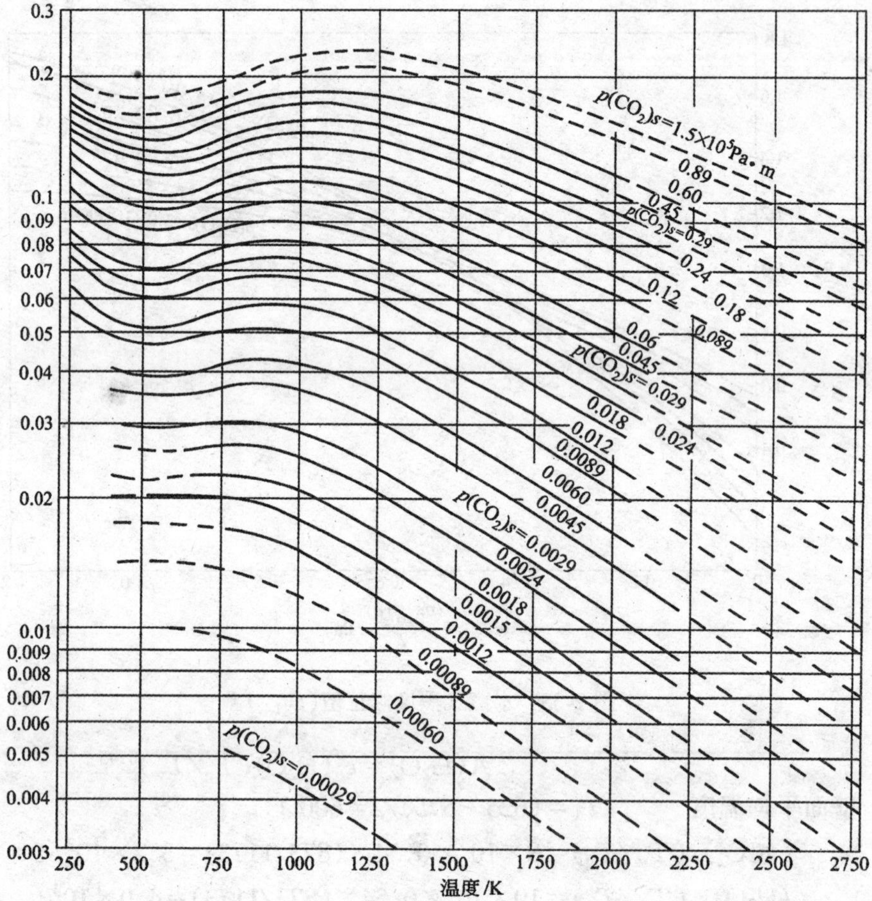

图 2-34　二氧化碳的黑度（$\varepsilon^*_{CO_2}$）

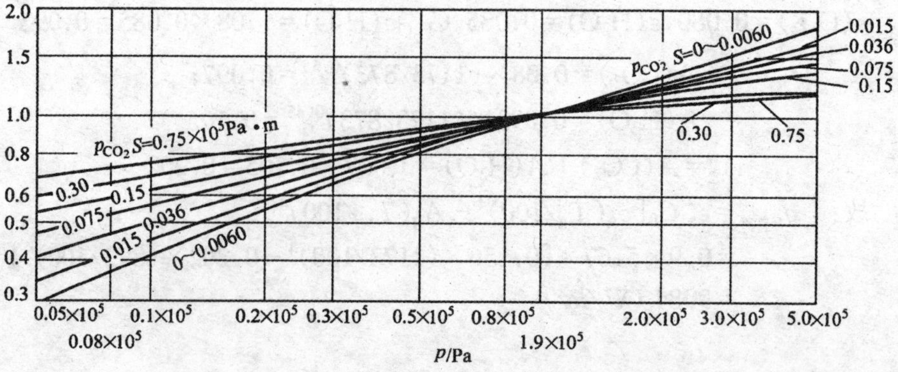

图 2-35　二氧化碳黑度的压力修正（C_{CO_2}）

2.4 综合传热

几种传热方式同时作用的过程称为综合传热，它是一个较为复杂的过程。生产实践中，窑炉内气体通过窑墙向外界散热，换热器内冷、热流体之间的换热，窑炉内火焰与物料之间的热交换等都属于综合传热。

综合传热一般是：

(1) 窑炉空间的热气体通过辐射、对流方式将热量传递给窑墙内表面；

(2) 再由传导传热的方式将热量传递到外表面；

(3) 热量以对流和辐射方式传向周围空间。

$$\Phi=\alpha_c(t_w-t_f)F+\varepsilon_s C_0[(T_w/100)^4-(T_f/100)^4]F$$

换算成对流换热方程式为

$$\Phi=\alpha_c(t_w-t_f)F+\alpha_r(t_w-t_f)F=\alpha_t(t_w-t_f)F$$

$$\alpha_t=\alpha_c+\alpha_r$$

$$\alpha_r=\varepsilon_s C_0[(T_w/100)^4-(T_f/100)^4]/(t_w-t_f)$$

式中 α_t——总换热系数；

α_c——对流换热系数；

α_r——辐射换热系数，W/(m²·℃)。

通过多层壁的综合传热如图 2-36 所示：

(1) 热流量以对流、辐射方式传到墙壁内表面为：

$$\Phi_1=\alpha_{t1}(t_g-t_1)F \text{ 或 } t_g-t_1=\frac{1}{\alpha_{t1}}\cdot\frac{\Phi_1}{F} \tag{2-9}$$

(2) 通过各层壁的热流量分别为：

$$\Phi_2=\frac{\lambda_1}{\delta_1}(t_1-t_2)F \text{ 或 } t_1-t_2=\frac{\delta_1}{\lambda_1}\cdot\frac{\Phi_2}{F} \tag{2-10}$$

$$\Phi_3=\frac{\lambda_2}{\delta_2}(t_2-t_3)F \text{ 或 } t_2-t_3=\frac{\delta_2}{\lambda_2}\cdot\frac{\Phi_3}{F} \tag{2-11}$$

$$\Phi_4=\frac{\lambda_3}{\delta_3}(t_3-t_4)F \text{ 或 } t_3-t_4=\frac{\delta_3}{\lambda_3}\cdot\frac{\Phi_4}{F} \tag{2-12}$$

(3) 由外表面向周围空间的散热量为：

$$\Phi_5=\alpha_{t2}(t_4-t_a)F \text{ 或 } t_4-t_a=\frac{\Phi_5}{F}\cdot\frac{1}{\alpha_{t2}} \tag{2-13}$$

因为是稳定导热，故通过各层的热流量均相等：

$$\Phi_1=\Phi_2=\Phi_3=\Phi_4=\Phi_5=\Phi$$

将式(2-9)至式(2-13)相加得

$$t_g-t_a=(\Phi/F)\cdot(1/\alpha_{t1}+\delta_1/\lambda_1+\delta_2/\lambda_2+\delta_3/\lambda_3+1/\alpha_{t2})$$

令传热系数 $K=[1/\alpha_{t1}+\delta_1/\lambda_1+\delta_2/\lambda_2+\delta_3/\lambda_3+1/\alpha_{t2}]^{-1}$,则 $\Phi=K(t_g-t_a)F$。

对于圆壁管,综合传热计算公式为

$$\Phi=(t_g-t_a)/[(2\pi l\alpha_{t1}r_1)^{-1}+(2\pi\lambda)^{-1}\ln(r_2/r_1)+(2\pi l\alpha_{12}r_2)^{-1}]$$

式中　l——长度;

r_1——内半径;

r_2——外半径;

t_g——管内热气体温度;

t_a——周围空气温度。

[例 2-12]　已知热气体温度 $t_g=1400$℃,空气温度 $t_a=25$℃;由热气体到内壁的总传热系数 $\alpha_{t1}=82$ W/(m^2·℃),外表面到空气的总传热系数 $\alpha_{t2}=23$ W/(m^2·℃);窑墙由黏土耐火砖构成,厚度 $\delta=0.345$ m。求通过每平方米窑墙向周围空间所散失的热量。

解　由于热导率与温度有关,先假定内表面温度 $t_1=1350$℃,外表面温度 $t_2=200$℃,其平均温度 $t_m=(1350+200)/2=775$℃,在此温度下材料的热导率为:

$$\lambda=0.698+0.64\times10^{-3}\ t=1.194$$

综合传热系数为:$K=1/[1/82+0.345/1.194+1/23]=2.90$ (W/(m^2·℃))

通过 1 m^2 窑墙散失于空气中的热流密度为:

$$q=K(t_g-t_a)=2.90\times(1400-25)=3987.5\ (\text{W/m}^2)$$

在这样的热流下,墙壁内外表面温度为:

$$t_1=t_g-q/\alpha_{t1}=1400-3987.5/82=1351\ (℃)$$

$$t_2=t_a+q/\alpha_{t2}=25+3987.5/23=198\ (℃)$$

与假定温度十分接近,故不再进行计算。

[例 2-13]　如图 2-36 所示,用裸露热电偶测得炉膛内烟气温度 $t_1=792$℃,炉壁面温度 $t_w=600$℃,烟气对热电偶表面的对流传热系数 $\alpha=58.2$ W/(m^2·℃),热电偶表面黑度 $\varepsilon_1=0.3$,试求烟气的真实温度和测温误差。

解　烟气通过对流换热方式传给热电偶的热流密度 $q_c=\alpha(t_f-t_1)$,热电偶以辐射方式把热量传给炉壁,其辐射换热量为

$$q_r=\varepsilon_1C_0[(T_1/100)^4-(T_w/100)^4]$$

$$\alpha(t_f-t_1)=\varepsilon_1C_0[(T_1/100)^4-(T_w/100)^4]$$

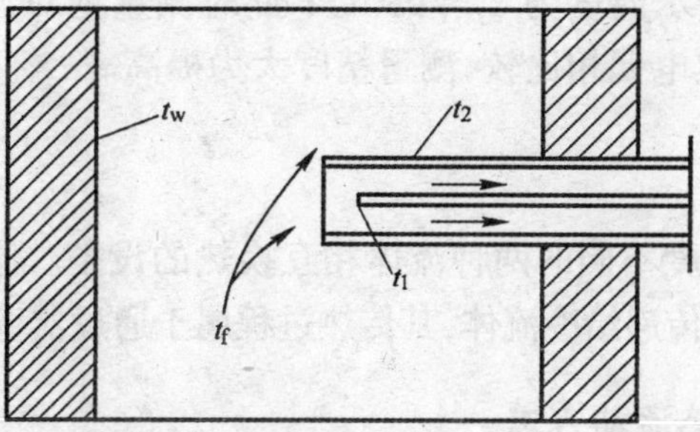

图 2-36　例 2-13 附图

得到烟气的真实温度为

$$t_f = t_1 + \varepsilon_1 C_0[(T_1/100)^4 - (T_w/100)^4]/\alpha$$

$$= 792 + 0.3 \times 5.67 \div 58.2 \times [(1065/100)^4 - (873/100)^4] = 998\ (℃)$$

测温绝对误差为 206℃，相对误差为 26%，需采用措施：降低热电偶的黑度 ε_1；提高气流速度，以增加对流传热系数。仍在本题中，将热电偶加上遮热罩，对流传热系数增大，$\alpha = 116\ W/(m^2 \cdot ℃)$，当烟气真实温度仍为 998℃，试求此时热电偶的指示温度。

遮热罩以辐射方式传给壁面的热流密度为

$$q_2 = \varepsilon C_0[(T_2/100)^4 - (T_w/100)^4] = 2\alpha(t_f - t_2)$$

烟气以对流方式传给遮热罩内外两个表面的热流密度 q_1 为：

$$q_1 = 2\alpha(t_f - t_2)$$

遮热罩以辐射方式传给壁面的热流密度 q_2 为：

$$q_2 = \varepsilon C_0\left[\left(\frac{T_2}{100}\right)^4 - \left(\frac{T_w}{100}\right)^4\right]$$

在稳定状态下，有 $q_1 = q_2$，即

$$2\alpha(t_f - t_2) = \varepsilon C_0\left[\left(\frac{T_2}{100}\right)^4 - \left(\frac{T_w}{100}\right)^4\right]$$

得到 $t_2 = 901℃$；

烟气对热电偶的对流换热热流密度 q_3 为：$q_3 = \alpha(t_f - t_1)$

热电偶对遮热罩的辐射换热热流密度 q_4 为：$q_4 = \varepsilon C_0[(T_1/100)^4 - (T_2/100)^4]$

热平衡时，$q_3 = q_4$，所以

$$\alpha(t_f - t_1) = \varepsilon C_0[(T_1/100)^4 - (T_2/100)^4]$$

即　　$$116 \times (998 - t_1) = 0.3 \times 5.67 \times \left[\left(\frac{T_1}{100}\right)^4 - \left(\frac{1174}{100}\right)^4\right]$$

解得热电偶的指示温度为 $t_1=950℃$；此时测量绝对温度为 48℃，相对误差 5.05%，与裸露热电偶相比较，测量精度大为提高。

2.5　换热器

换热器是实现温度不同的两种流体相互换热的设备。流体通过换热器的金属或陶瓷器壁将热量传递给冷流体，其传热过程属于通过器壁的稳定状综合传热。

2.5.1　换热器内流体流动方式

换热器按照其内部冷热流体流动方向的不同，可分为顺流式、逆流式和错流式。

2.5.2　换热器的传热计算

按照综合传热理论，换热器冷热流体之间交换的热量可根据以下公式计算：

$$\Phi = K\Delta t_m F$$

2.5.2.1　换热器对数平均温度差计算

在顺流情况下的平均温度差 Δt_m，如图 2-37 所示。

从换热器 F_x 处取微元面积 dF，传热量为：

$$d\Phi = K(t_h - t_c)_x dF$$

积分得全部面积换热量：

$$\Phi = K\int_0^F (t_h - t_c)_x dF$$

$$\Delta t_m = \frac{1}{F}\cdot\int_0^F (t_h - t_c)_x dF = \frac{1}{F}\cdot\int_0^F \Delta t_x dF$$

如果已知 Δt_x 的变化规律就可求出 Δt_m。

对于微元面积 dF，热流体放出热量 $d\Phi$，温度下降 dt_h，$d\Phi = -q_{mh}C_h dt_h$；而冷流体接受热量后温度上升 dt_c，当不考虑热损失时，则有：

$$d\Phi = q_{mc}C_c dt_c$$

$$dt_h - dt_c = d(t_h - t_c)_x = -d\Phi[(q_{mh}C_h)^{-1} + (q_{mc}C_c)^{-1}] = -\mu d\Phi$$

式中，q_m 为流体质量流量，kg/s；C 为流体定压质量比热，kJ/(kg·℃)；q_{mc}表示质量流量为 q_m 的流体温度升高 1℃所需热量，也称为流体热容量。

将 $d\Phi = K(t_h - t_c)_x dF$ 代入上式得到：$d(t_h - t_c)_x/(t_h - t_c)_x = d\Delta t_x/\Delta t_x = -K\mu dF$；由 0 至 F_x 积分得：$\Delta t_x = \Delta t'\exp(-K\mu F_x)$。

最后得到：

$$\Delta t_{\mathrm{m}}=[(t_{\mathrm{h}}'-t_{\mathrm{c}}'')-(t_{\mathrm{h}}''-t_{\mathrm{c}}')]/\ln\left(\frac{t_{\mathrm{h}}'-t_{\mathrm{c}}''}{t_{\mathrm{h}}''-t_{\mathrm{c}}'}\right)$$

采用同样方法也可推出逆流式的对数平均温度差 Δt_{m} 的公式，与顺流式的 Δt_{m} 公式形式一样，只是各项所代表的意义不同。

对于错流式，可先按照逆流式计算，再乘以温度校正系数 $\varepsilon_{\Delta t}$，

$$\Delta t_{\mathrm{m}}=\varepsilon_{\Delta t}\cdot(\Delta t'-\Delta t'')/\ln(\Delta t'/\Delta t'')$$

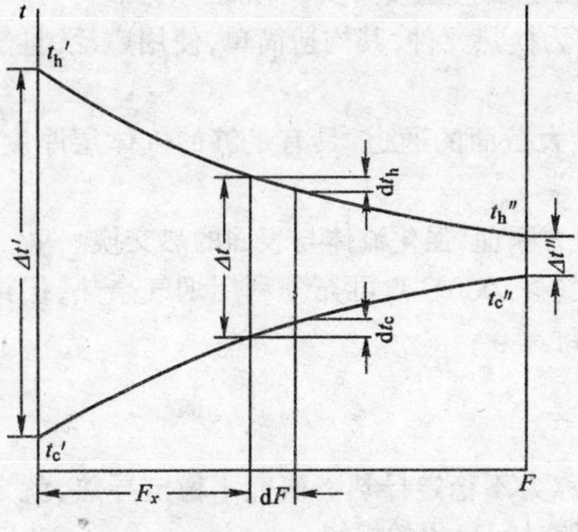

图 2-37 顺流时平均温度差的推导

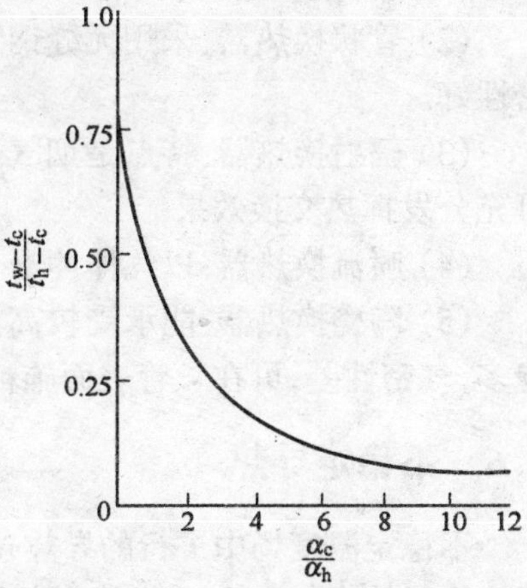

图 2-38 $\alpha_{\mathrm{c}}/\alpha_{\mathrm{h}}$ 与 t_{w} 的关系

工程中往往以进出口两端温差的算术平均值计算，$\Delta t_{\mathrm{m}}=(\Delta t'+\Delta t'')/2$，当 $\Delta t'/\Delta t''<2$，在工程上是允许的。

2.5.2.2 传热系数 K 的计算

传热系数 K 可按照综合传热理论进行计算

$$K=1/(1/\alpha_{\mathrm{h}}+\delta/\lambda+1/\alpha_{\mathrm{c}})$$

式中 α_{h}、α_{c}——分别为冷热流体对流、辐射换热系数的总和。

当采用金属换热器时，δ/λ 一项可忽略不计，此时 $K=(\alpha_{\mathrm{h}}\cdot\alpha_{\mathrm{c}})/(\alpha_{\mathrm{h}}+\alpha_{\mathrm{c}})$。

2.5.2.3 换热器壁温的验算

根据稳定传热原理，高温流体传给器壁的热量等于器壁传给低温流体的热量，

$$\alpha_{\mathrm{h}}(t_{\mathrm{h}}-t_{\mathrm{w}})=\alpha_{\mathrm{c}}(t_{\mathrm{w}}-t_{\mathrm{c}}) \tag{2-14}$$

则

$$(t_{\mathrm{w}}-t_{\mathrm{c}})/(t_{\mathrm{h}}-t_{\mathrm{c}})=1/(1+\alpha_{\mathrm{c}}/\alpha_{\mathrm{h}})$$

为了观察 $\alpha_{\mathrm{c}}/\alpha_{\mathrm{h}}$ 对 t_{w} 的影响，将式(2-14)绘制成图 2-38，表明其比值增大，

壁温显著下降。因此当流体温度较高时，高温流体与低温流体的流速应该有一定的比值。喷流换热器较其他型式换热器壁面温度低就是这个原因。

2.5.3　换热器类型

换热器有以下几种类型：

(1) 针片管换热器：由铸造管子连接起来的换热器，其管子一面或两面带针以增加其热交换面积，传热效率高，但由于法兰盘接头多，气密性不好。

(2) 管状换热器：采用无缝钢管作为换热元件，其构造简单，使用广泛，且气密性好。

(3) 辐射换热器：特点是烟气通过大截面的通道，具有足够的气体层厚度，可充分发挥热交换效果。

(4) 喷流换热器：以气体冲击表面为原理，强化流体与表面的热交换。

(5) 陶瓷换热器：能承受较高温度（>1000℃），可充分利用烟气余热，但接缝多，气密性差，可在长管表面施釉密封。

2.6　不稳定导热

不稳定温度场中进行的导热过程称为不稳定导热。研究不稳定导热，就是要找出物体中任意一点温度或热流量随时间变化的规律。

2.6.1　单值条件

单值条件包括几何条件、物理条件、边界条件和开始条件。

边界条件分为三类：

(1) 第一类边界条件，给出物体表面温度随时间变化关系，即 $t_w = f(\tau)$，$t_w = t_b + c\tau$；一般情况下表面温度随时间变化为直线关系 $t_w = t_b + c\tau$。式中，t_w 为壁面温度；t_b 为开始温度；c 为加热或冷却速度，℃/h。

(2) 第二类边界条件，通过物体表面热流密度随时间的变化关系，$q_w = f(\tau)$。

(3) 第三类边界条件，给出周围介质温度变化规律以及周围介质和物体表面之间的热交换规律。

$$\alpha(t_w - t_g) = -\lambda(\partial t/\partial n)_w$$

式中，t_g 为周围介质温度，℃，t_g = 常数；α 为换热系数；$(\partial t/\partial n)_w$ 为靠近壁面的温度梯度。

开始条件：物体加热或冷却时，开始温度分布影响导热过程温度场的变化，在求解不稳定导热时，应考虑其开始条件。用分析法求解不稳定导热问题就是在具体的单值条件下对傅里叶－基尔霍夫微分方程式进行积分求解，将结果归纳为函数的形式，并可以把准数之间的关系以图表形式表示出来：

$$(t_w - t)/(t_w - t_b) = f(Bi, Fo, L)$$

式中 Bi——毕欧数，$Bi = \alpha s/\lambda$。其中：α 为对流传热系数；s 为透热深度；λ 为固体材料的热导率(注意与 Nu 中 λ 的区别)。Bi 越大意味着导热热阻越大。

Fo——傅里叶数，$Fo = a\tau/s^2$。其中：a 为热扩散率；τ 为时间；s 为透热深度。傅里叶数越大，物体内部温度分布及变化趋于稳定。

L——几何准数，$L = x/s$。

2.6.2 不稳定导热的分析解

2.6.2.1 第一类边界条件下的不稳定导热

以 $2s$ 的无限大平壁对称加热如图 2-39 所示，其微分方程式及单值条件下可写成：

$$\partial t/\partial\tau = a\partial^2 t/\partial x^2$$

边界条件 $x = \pm s$，$t = t_w =$ 常数

开始条件 $\tau = 0$，$t = t_b =$ 常数

微分方程的解，写成函数形式为：

$$(t_w - t)/(t_w - t_b) = f(a\tau/s^2,\ x/s) = f(Fo,\ x/s)$$

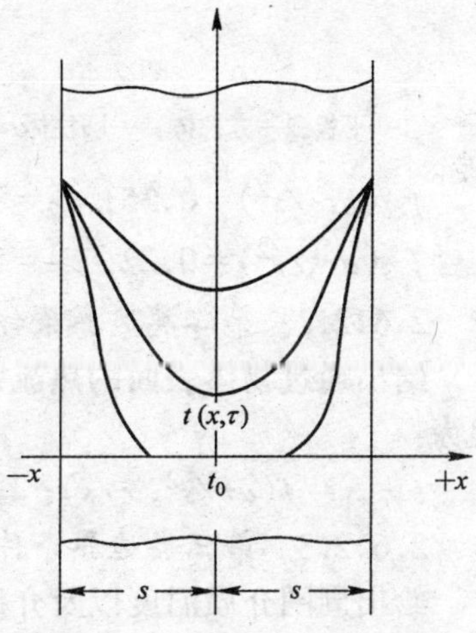

图 2-39 无限大平壁的加热

[例 2-14] 边长为 200 mm 的黏土质耐火材料，形状为立方体，将其加热至 850℃，并长时间保温使断面温度均匀分布，然后浸入 20℃ 循环水中，求经过 30、60、90 min 后的中心温度。黏土质耐火材料的热扩散率 $a = 2\times10^{-3}\ m^2/h$。

解 根据题意认为，耐火材料表面温度瞬间达到 20℃，起始温度 $t_b = 850℃$，$s = 0.2/2 = 0.1\ m$，$\tau_1 = 30/60 = 0.5\ h$，$\tau_2 = 1\ h$，$\tau_3 = 1.5\ h$。

$$Fo_1 = a\tau_1/s^2 = 0.002\times0.5/0.1^2 = 0.10$$

$$Fo_2 = 0.20,\ Fo_3 = 0.30$$

根据如图 2-40 所示的曲线查得：

$f_{c1}(a\tau_1/s^2) = (t_w - t_{c1})/(t_w - t_b) = 0.70$；$t_{c1} = 601℃$；

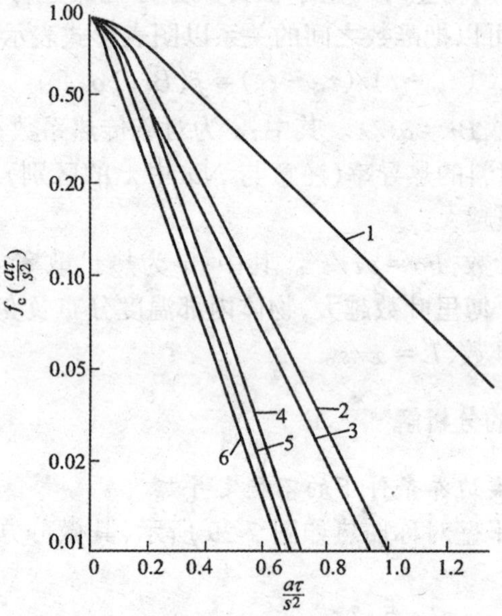

图 2-40　表面温度一定时,函数 $f_c(a\tau/s^2)$值

1—平板;2—方柱体;3—圆柱体;4—立方体;5—$H=d$ 圆柱体(H:高度;d:直径);6—球体

$f_{c2}(a\tau_2/s^2)=0.35$; $t_{c2}=315$℃;

$f_{c3}(a\tau_3/s^2)=0.22$; $t_{c3}=203$℃。

2.6.2.2　第二类边界条件

给出通过物体表面的热流密度随时间变化情况,即 q_w 一定,其导热微分方程为:

$t-t_b=f(a\tau/s^2, x/s)$;其值由有关图中查得。

2.6.2.3　第三类边界条件

给出周围介质温度以及介质与物体之间的热交换方式。最后解:

$$(t_g-t)/(t_g-t_b)=[2\sin\delta_n/(\delta_n+\sin\delta_n\cos\delta_n)]\cdot\exp(-\delta_n^2 a\tau/s^2)\cdot\cos(\delta_n x/s)$$

$$=f(a\tau/s^2, \alpha s/\lambda, x/s)=f(Fo, Bi, x/s)$$,其值可查得。

对长 $2S$、宽 $2B$、高 $2l$ 相差不大的六面体:

开始条件 $\tau=0, t=t_b=$ 常数;边界条件 $x=\pm s$, $\partial t/\partial x=\pm\alpha/\lambda(t_g-t)$

$y=\pm B$, $\partial t/\partial y=\pm\alpha/\lambda(t_g-t)$; $z=\pm 1$, $\partial t/\partial z=\pm\alpha/\lambda(t_g-t)$

解的最后函数关系表示为:

$$(t_g-t)/(t_g-t_b)=f_1(a\tau/s^2, \alpha s/\lambda, x/s)\cdot f_2(a\tau/B^2, \alpha B/\lambda, y/B)\cdot f_3(a\tau/l^2, \alpha l/\lambda, z/l)$$

[例 2-15] 黏土质耐火制品尺寸为 400 mm×300 mm×500 mm,出窑温度 120℃,假定出窑时制品内部温度均匀一致,外界空气温度为 20℃,制品导温系数 $a=1.6\times10^{-3}\ m^2/h$,热导率 $\lambda=0.74\ W/(m\cdot℃)$,综合传热系数 $\alpha=14\ W/(m^2\cdot℃)$,试求经过 12h 后制品的中心温度。

解 根据公式:

$$(t_g-t)/(t_g-t_b)=f_1(a\tau/s^2,\alpha s/\lambda)\cdot f_2(a\tau/B^2,\alpha B/\lambda)\cdot f_3(a\tau/l^2,\alpha l/\lambda)$$

$$a\tau/s^2=0.0016\times12/0.2^2=0.48;\ \alpha s/\lambda=14\times0.2/0.74=3.78,\ f_1=0.60$$

$$a\tau/B^2=0.0016\times12/0.15^2=0.85;\ \alpha B/\lambda=14\times0.15/0.74=2.84,\ f_2=0.40$$

$$a\tau/l^2=0.0016\times12/0.25^2=0.31;\ \alpha l/\lambda=14\times0.25/0.74=4.73,\ f_3=0.70$$

$$(t_g-t)/(t_g-t_b)=0.6\times0.40\times0.70=0.168$$

$$t=t_g-0.168\ (t_g-t_b)=20-0.168(20-120)=36.8(℃)$$

2.6.3 有限差分法

用数学方法求解不稳定导热问题,只有在简单的单值条件下才有可能,但遇到复杂情况,分析法求解就十分困难,必须采用"有限差分法"来解决。其原理在于以不连续的过程来代替空间和时间上的连续变化的过程,如 $\partial t/\partial\tau=a\partial^2t/\partial x^2$,可用有限差量代替其中的无限小量,得到 $\Delta t/\Delta\tau=a\Delta^2t/\Delta x^2$

采用有限差分法计算平壁内温度分布的原理及方法如图 2-41 所示。在 *abdc* 区域中平均温度以 t_1 表示,在平面 *ab* 上的温度降低度为 $-dt/dx=(t_0-t_1)/\Delta x$,在 *cd* 上温度降低度为 $-dt/dx=(t_1-t_2)/\Delta x$,通过 *ab* 面的热流密度 $q_1=\lambda(t_0-t_1)/\Delta x$,通过 *cd* 面的热流密度 $q_2=\lambda(t_1-t_2)/\Delta x$。

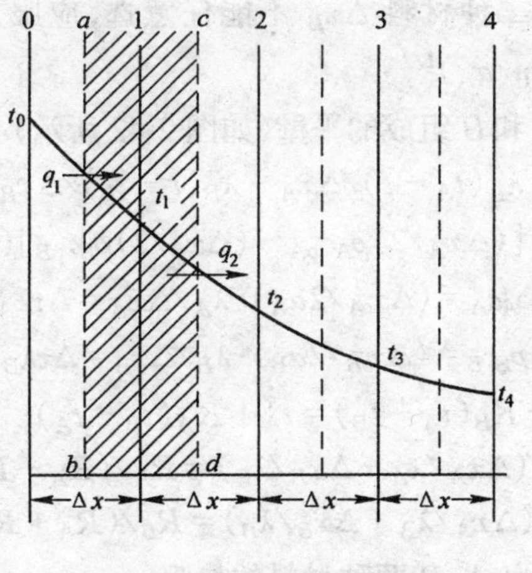

图 2-41 有限差分法计算图解

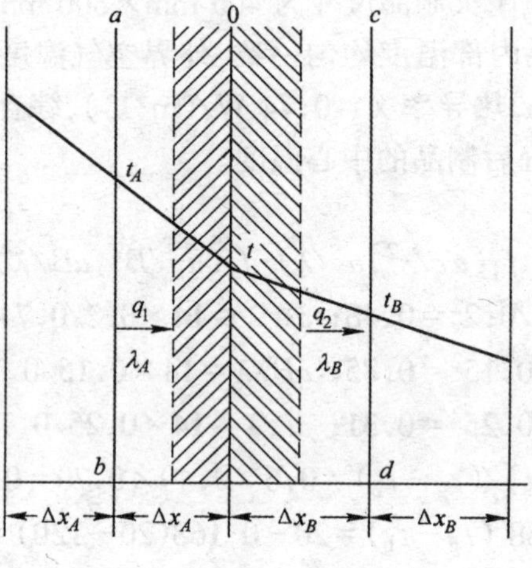

图 2-42　多层平壁交界面温度计算

该热流密度差值便是热流通过时留下的部分，用来加热物体，使得 $abdc$ 区域的平均温度由 t_1 升高到 t_1'。

$$\Delta(q_1 - q_2) = \lambda(t_0 - t_1)/\Delta x - \lambda(t_1 - t_2)/\Delta x = (\Delta x)\rho c_p(t_1' - t_1)/\Delta\tau$$

整理后，并代入 $a = \lambda/\rho c_p$，得到 $t_0 - 2t_1 + t_2 = \Delta x^2(t_1' - t_1)/(a\Delta\tau)$

令 $\Delta x^2/(a\Delta\tau) = 2$，则 $t_1' = (t_0 + t_2)/2$。

选定 Δx 后，$\Delta\tau$ 就不能任意选择，应符合 $\Delta\tau = \Delta x^2/2a$。

当平壁由两种以上材料组成时，由于所取的时间间隔 $\Delta\tau$ 必须相同，如第一种材料 Δx_A 确定后，第二种材料 Δx_B 不能任意选，应服从 $\Delta\tau = \Delta x_A^2/2a_A = \Delta x_B^2/2a_B$，$\Delta x_B = \Delta x_A(a_B/a_A)^{1/2}$。

对于由两种材料 A 和 B 组成的平壁(如图 2-42 所示)

$$\Delta(q_1 - q_2) = \lambda_A(t_A - t)/\Delta x_A - \lambda_B(t - t_B)/\Delta x_B$$
$$= [(\Delta x_A/2)\rho_A c_{pA} - (\Delta x_B/2)\rho_B c_{pB}](t' - t)/\Delta\tau$$

其中
$$(\Delta x_A/2)\rho_A c_A = (\Delta x_A^2/2a_A)\cdot\lambda_A/\Delta x_A = \Delta\tau\lambda_A/\Delta x_A$$
$$(\Delta x_B/2)\rho_B c_B = (\Delta x_B^2/2a_B)\cdot\lambda_B/\Delta x_B = \Delta\tau\lambda_B/\Delta x_B$$

经整理后，$t' = t_B + K_B(t_A - t_B) = t_A + K_A(t_B - t_A)$

式中　$K_A = (\Delta x_A/\lambda_A)/(\Delta x_A/\lambda_A + \Delta x_B/\lambda_B) = R_A/(R_A + R_B)$；

$K_B = (\Delta x_B/\lambda_B)/(\Delta x_A/\lambda_A + \Delta x_B/\lambda_B) = R_B/(R_A + R_B)$；

R_A、R_B——分别为 A，B 两种材料的热阻。

当已知气体与壁面热交换，固体气壁向气体传递的热流密度为：$q_{w\to g}=(t_w-t_g)/(1/\alpha)$，最外层平壁处：$t_w=t_g+K_g(t_{1\Delta x}-t_g)$，$K_g=(1/\alpha)/(\Delta x/\lambda+1/\alpha)=R_g/(R_g+R)$。

[例 2-16] 间歇式窑炉最高烧成温度为 1400℃，窑墙由三种材料构成：内层为黏土砖，厚 0.23 m；中间层为轻质黏土砖，厚 0.113 m；外层为红砖，厚 0.24 m。升温曲线：第一阶段，20～200℃为 8 h；第二阶段，200～500℃为 4 h；第三阶段，500～1400℃为 10 h。内壁温度等于火焰气体温度，外墙对空气的对流辐射总换热系数为 9.8 W/(m²·℃)。试求加热到 1400℃时，砌筑体内的温度分布，以及加热至最高温度时每平方米砌筑体的蓄热量。

解 (1)首先设定各种材料加热最终温度，以确定材料在加热过程中的平均温度及其材料的物性。

假设黏土砖加热终了温度为 360℃，则黏土砖的平均温度可按照开始加热前与加热终了两表面温度平均值计算，即：$t_{m1}=(20+20+1400+360)/4=450$(℃)。

轻质黏土砖加热终了温度为 80℃，$t_{m2}=(20+20+80+360)/4=120$(℃)。

红砖加热终了温度为 22℃，$t_{m3}=(20+20+22+80)/4=35.5$(℃)。

(2) 各种材质的物性参数

黏土砖 $\lambda_1=0.698+0.64\times10^{-3}t_{m1}=0.698+0.64\times10^{-3}\times450$
$=0.986$ (W/(m·℃))

$c_1=840+0.26t=840+0.26\times450=957$ (J/(kg·℃))

$\rho_1=1900$ (kg/m³)

$$a_1=\frac{\lambda_1}{c_1\rho_1}\times3600=0.986\times3600/(957\times1900)=0.00195\ (\text{m}^2/\text{h})$$

轻质黏土 $\lambda_2=0.291+0.256\times10^{-3}t_{m2}=0.291+0.256\times10^{-3}\times120$
$=0.322$ (W/(m·℃))

$c_2=840+0.26t=840+0.26\times120=871.2$ (J/(kg·℃))

$\rho_2=1000$ (kg/m³)

$$a_2=\frac{\lambda_2}{c_2\rho_2}\times3600=0.322\times3600/(871.2\times1000)=0.00133\ (\text{m}^2/\text{h})$$

红砖 $\lambda_3=0.456+0.51\times10^{-3}t_{m3}=0.456+0.51\times10^{-3}\times35.5$
$=0.483$ (W/(m·℃))

$c_3=800+0.31t=800+0.31\times35.5=850$ (J/(kg·℃))

$\rho_3=1750$ (kg/m³)

$$a_3 = \frac{\lambda_3}{c_3\rho_3} \times 3600 = 0.483 \times 3600/(850 \times 1750) = 0.00117\ (m^2/h)$$

(3) 分层计算各层热阻及有关系数

首先将黏土砖分为三层，$n_1 = 3$，每层厚度 $\Delta x_1 = 0.23/3 = 0.0767$ (m)

$\Delta\tau = \Delta x_1^2/2a_1 = 0.0767^2/(2 \times 0.00195) = 1.51$ h，取 1.5 h

确定第二层、第三层的层数与厚度，

$\Delta x_2 = \Delta x_1(a_2/a_1)^{1/2} = 0.0767 \times (0.00133/0.00195)^{1/2} = 0.063$ (m)，

$n_2 = 0.113/0.0163 = 1.79$，取 2 层。

$\Delta x_3 = \Delta x_1(a_3/a_1)^{1/2} = 0.0767 \times (0.00117/0.00195)^{1/2} = 0.059$ (m)

$n_3 = 0.24/0.059 = 4.07$，取 4 层。

热阻 $R_1 = \Delta x_1/\lambda_1 = 0.0767/0.986 = 0.078$，$R_2 = \Delta x_2/\lambda_2 = 0.063/0.322 = 0.196$，$R_3 = \Delta x_3/\lambda_3 = 0.059/0.483 = 0.122$，$1/\alpha = 1/9.8 = 0.102$。

系数 $K_2 = R_2/(R_1 + R_2) = 0.196/(0.078 + 0.196) = 0.72$，$K_3 = R_3/(R_2 + R_3) = 0.122/(0.196 + 0.122) = 0.38$，$K_g = (1/\alpha)/(R_3 + 1/\alpha) = 0.102/(0.122 + 0.102) = 0.46$。

(4) 确定窑墙内表面温度($t_{0\Delta x1}$)

根据升温曲线，第一阶段为 20～200℃，8 h，升温速率为(200 − 20)/8 = 22.5(℃/h)。

$$t_{0\Delta\tau} = 20(℃)$$

$$t_{1\Delta\tau} = 20 + 22.5 \times 1 \times 1.5 = 53.75(℃)$$

$$t_{2\Delta\tau} = 20 + 22.5 \times 2 \times 1.5 = 87.5(℃)$$

$6\Delta\tau$ 时，第一升温阶段(200℃)结束后，进入第二阶段 200～500℃，4 h，升温速率为(500 − 200)/4 = 75(℃/h)。

$$t_{6\Delta\tau} = 200 + (1.5 - 0.5) \times 75 = 275(℃)$$

$$t_{7\Delta\tau} = 275 + 1.5 \times 75 = 387.5(℃)$$

$$t_{8\Delta\tau} = 387.5 + 1.5 \times 75 = 500(℃)$$

第三升温阶段为 500～1400℃，10 h，升温速率为(1400 − 500)/10 = 90(℃/h)。

$t_{9\Delta\tau} = 500 + 1.5 \times 90 = 635$(℃)。

(5) 交界面温度及外表面温度计算

$t_{4\Delta\tau,3\Delta x1} = 20 + K_2(28.44 - 20) = 20 + 0.72(28.44 - 20) = 26.08$

$t_{6\Delta\tau,2\Delta x2} = 20 + K_3(23.04 - 20) = 20 + 0.38(23.04 - 20) = 21.16$

$t_{10\Delta\tau,4\Delta x3} = 20 + K_g(20.15 - 20) = 20 + 0.46(20.15 - 20) = 20.07$

温度分布如表 2-7 所示。

表 2-7　例 2-16 附表

时间间隔	时间/h	黏土砖温度分布/℃				轻质黏土砖温度分布/℃		红砖温度分布/℃			
		$0\Delta x_1$	$1\Delta x_1$	$2\Delta x_1$	$3\Delta x_1$ $0\Delta x_2$	$1\Delta x_2$	$2\Delta x_2$ $0\Delta x_3$	$1\Delta x_3$	$2\Delta x_3$	$3\Delta x_3$	$4\Delta x_3$
$0\Delta\tau$	0	20	20	20	20	20	20	20	20	20	20
$1\Delta\tau$	1.5	53.75	20	20	20	20	20	20	20	20	20
$2\Delta\tau$	3.0	87.50	36.88	20	20	20	20	20	20	20	20
$3\Delta\tau$	4.5	121.25	53.75	28.44	20	20	20	20	20	20	20
$4\Delta\tau$	6.0	155.00	74.85	36.88	26.08	20	20	20	20	20	20
$5\Delta\tau$	7.5	188.75	95.94	50.47	32.15	23.04	20	20	20	20	20
$6\Delta\tau$	9.0	275.00	119.61	64.05	42.79	26.08	21.16	20	20	20	20
$7\Delta\tau$	10.5	387.50	169.53	81.20	53.42	31.98	22.31	20.58	20	20	20
$8\Delta\tau$	12.0	500.00	234.35	111.48	67.42	37.87	24.91	21.16	20.29	20	20
$9\Delta\tau$	13.5	635.00	305.74	150.89	90.87	46.17	27.51	22.60	20.58	20.15	20
$10\Delta\tau$	15.0	770.00	392.95	198.31	121.57	59.19	31.56	24.05	21.38	20.29	20.13
$11\Delta\tau$	16.5	905.00	484.16	257.26	159.36	76.57	37.40	26.47	22.17	20.76	20.35
$12\Delta\tau$	18.0	1040.0	581.13	321.76	206.67	98.38	45.51	29.79	23.62	21.26	20.60
$13\Delta\tau$	19.5	1175.0	680.88	393.90	259.21	126.09	55.85	34.57	25.53	22.11	20.97
$14\Delta\tau$	21.0	1310.0	784.45	470.05	318.91	157.53	69.35	40.69	28.34	23.25	21.50
$15\Delta\tau$	22.5	1445.0	890.03	551.68	382.54	194.13	85.09	48.85	31.97	24.92	22.26
$16\Delta\tau$	22.0	1400	854.84	524.47	361.33	181.93	79.84	46.13	30.76	24.36	22.01

(6) 对所假设的加热终了温度进行验算

黏土砖加热终了温度为 361.33℃，误差(361.33－360)/361.33＝0.37%；

轻质砖加热终了温度为 79.84℃，误差(79.84－80)/79.84＝－0.20%；

红砖加热终了温度为 22.01℃，误差(22.01－22)/22.01＝0.05%。

(7) 窑墙蓄热计算

a　黏土砖蓄热量 Q_1 的计算

根据公式 $Q_1 = G_1(c_1'' t_{M1}'' - c_1' t_{M1}')$ 计算：

$t_{M1}' = 20$(℃)；

$t_{M1}'' = [(1400 + 361.33)/2 + 854.84 + 524.47]/3 = 753.33$(℃)；

$c_1' = 840 + 0.26 \times 20 = 845.2$ (J/(kg·℃))；

$c_1'' = 840 + 0.26 \times 753.33 = 1035.87$ (J/(kg·℃))；

$G_1 = 1900 \times 0.23 \times 1 = 437$ (kg)；

$Q_1 = 437 \times (1035.87 \times 753.33 - 845.2 \times 20)/1000 = 332627$ (kJ/m^2)。

b　轻质砖蓄热量 Q_2 的计算

根据公式 $Q_2 = G_2(c_2'' t_{M2}'' - c_2' t_{M2}')$计算：

$t_{M2}' = 20$(℃)；

$t_{M2}'' = [(79.84 + 361.33)/2 + 181.93]/2 = 201.26$(℃)；

$c_2' = 840 + 0.26 \times 20 = 845.2$ (J/(kg·℃))；

$c_2'' = 840 + 0.26 \times 201.26 = 892.33$ (J/(kg·℃))；

$G_2 = 1000 \times 0.113 \times 1 = 113$ (kg)；

$Q_2 = 113 \times (892.33 \times 201.26 - 845.2 \times 20)/1000 = 18384$ (kJ/m^2)。

c　红砖蓄热量 Q_3 的计算

根据公式 $Q_3 = G_3(c_3'' t_{M3}'' - c_3' t_{M3}')$计算：

$t_{M3}' = 20$(℃)；

$t_{M3}'' = [(79.84 + 22.01)/2 + 46.13 + 30.76 + 24.36]/4 = 38.09$(℃)；

$c_3' = 800 + 0.31 \times 20 = 800.62$ (J/(kg·℃))；

$c_3'' = 800 + 0.31 \times 38.09 = 811.81$ (J/(kg·℃))；

$G_3 = 1750 \times 0.24 \times 1 = 420$ (kg)；

$Q_3 = 420 \times (811.81 \times 38.09 - 800.62 \times 20)/1000 = 6262$ (kJ/m^2)。

窑墙总的蓄热量 $Q = Q_1 + Q_2 + Q_3 = 357273$ (kJ/m^2)。

其中黏土砖、轻质砖和红砖各占 93.10%，5.15%，1.75%，说明窑墙蓄热主要靠内层材质，故选用质量轻、热导率小、热扩散能力小并具有足够强度的材料，对间歇式窑炉节能非常重要。

2.7　传质原理

在两种及两种以上物质组成的混合物中，如果存在着浓度梯度，物质分子就会从高浓度向低浓度方向转移，从而出现质的交换，简称传质。工业生产中经常有传质的实例，如物料干燥、燃料燃烧、物料烧结等。研究传热问题主要在于传热系数，研究传质则研究具体条件下的传质系数。

2.7.1　传质的基本方式

传质的基本方式有分子扩散和湍流扩散。分子扩散是由微观分子运动作用引起的，它的机理类似于导热；由流体湍流运动引起的物质传递称为湍流扩散。

在实际工程中，大多数流体属于湍流。

2.7.2 传质过程的基本方程式

2.7.2.1 费克扩散定律——等摩尔逆扩散定律

$$g = -D \cdot dc/dx$$

式中 g——扩散质量通量，kmol/(m²·s)；

D——扩散系数，m²/s；

dc/dx——浓度梯度，kmol/m⁴。

对于气体：$g_i = -(M_iD_i/RT)dp_i/dx$

实际应用中一般表示为：

$$g_A = D(c_{A1} - c_{A2})/x \quad 或 \quad g_A = (M_AD/RT)\cdot(p_{A1} - p_{A2})/x$$

2.7.2.2 斯忒藩定律——单向扩散定律

单向扩散是指没有相反方向的扩散。如干燥过程属于单向扩散。扩散质量流量的推导计算如下：设有一水槽如图 2-43 所示，槽内水做等温蒸发，水面上水蒸发分压 p_{A1}大于空气中水蒸发分压 p_{A2}，故水蒸气从水面上向槽口扩散，并不断被空气带走。干空气则不断进入水面，槽内有一补偿速度 u_d，通过 $x-x$ 面水蒸气的扩散质量流量为：

$$g_A = -(M_AD/RT)dp_A/dx + u_dM_Ap_A/RT$$

干空气：$g_B = -(M_BD/RT)dp_B/dx + u_dM_Bp_B/RT$

在稳定状态下，g_A = 常数，$g_B = 0$；

得到 $u_d = (D/p_B)\cdot(dp_B/dx)$；

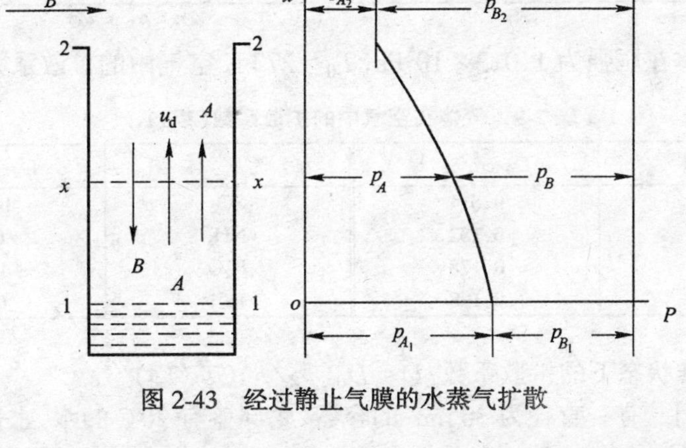

图 2-43　经过静止气膜的水蒸气扩散

又　$p_A+p_B=p, \mathrm{d}p_A/\mathrm{d}x=-\mathrm{d}p_B/\mathrm{d}x$；

得到　$u_\mathrm{d}=-D/(p-p_\mathrm{A})\cdot(\mathrm{d}p_A/\mathrm{d}x)$

故 $g_A=-(M_AD/RT)[D/(p-p_A)](\mathrm{d}p_A/\mathrm{d}x)$，这就是斯忒藩定律的表达式。

由于 $p_{A1}-p_{A2}=p_{B2}-p_{B1}$

$g_A=(M_AD/RT)(p/x)[(p_{A1}-p_{A2})/p_{Bm}]$　或　$g_A=D/x\cdot p/p_{Bm}\cdot(c_{A1}-c_{A2})$

式中，$p_{Bm}=(p_{B2}-p_{B1})/\ln(p_{B2}/p_{B1})$。

2.7.2.3　扩散系数

扩散系数表示物质在介质中的扩散能力，采用吉里兰半经验公式（气体 A 在 B 中扩散）：

$$D=435.7(T^{3/2}/p)(V_A^{1/3}+V_B^{1/3})^{-2}\cdot(1/M_A+1/M_B)^{\frac{1}{2}} \tag{2-15}$$

式中　T——热力学温度，K；

p——总压强，Pa；

V_A、V_B——分别为气体 A 和 B 在正常沸点下，其液态的摩尔体积，$\mathrm{cm^3/mol}$；

M_A、M_B——分别为气体 A、B 的相对分子质量。

几种常见气体的摩尔体积见表 2-8。

表 2-8　几种气体的摩尔体积

气　体	摩尔体积/$\mathrm{cm^3\cdot mol^{-1}}$	气　体	摩尔体积/$\mathrm{cm^3\cdot mol^{-1}}$
H_2	14.3	CO_2	34
O_2	25.6	SO_2	44.8
N_2	31.1	NH_3	25.8
空气	29.9	H_2O	18.9
CO	30.7	Cl_2	48.4

几种气体在压强为 1.013×10^5Pa，$T_0=273$ K 空气中的扩散系数见表 2-9。

表 2-9　气体在空气中的扩散系数(273 K)

气　体	$D_0/\mathrm{cm^2\cdot s^{-1}}$	气　体	$D_0/\mathrm{cm^2\cdot s^{-1}}$
H_2	0.611	SO_2	0.103
N_2	0.132	NH_3	0.17
O_2	0.178	H_2O	0.22
CO_2	0.138	HCl	0.13

在非标准状态下的扩散系数：$D=D_0(p_0/p)(T/T_0)^{3/2}$。

[例 2-17]　有一直径为 30 mm 的容器，底部盛有 20℃ 的水，水面到容器口

200 mm,流过容器口的空气温度为20℃,总压强 p 为1 atm,出口处水蒸气分压 p_{A2}为700 Pa,试求水蒸气往空气中的扩散系数和水的蒸发速率。

解 (1) 计算扩散系数 D

查表得到 $D_0=0.22\ \mathrm{cm^2/s}$,换算成20℃的 D 值,

$$D=D_0(p_0/p)(T/T_0)^{3/2}=0.22\times1\times(293/273)^{3/2}=0.244\ \mathrm{cm^2/s}=0.088\ (\mathrm{m^2/h})$$

也可用公式(2-10)计算 D 值。其中,p 值近似 p_0 值。

水蒸气 $V_A=18.9\ \mathrm{cm^3/mol}$,$M_A=18$;空气 $V_B=29.9\ \mathrm{cm^3/mol}$,$M_B=28.9$

$$D=435.7(T^{3/2}/p)(V_A^{1/3}+V_B^{1/3})^{-2}\cdot\left(\frac{1}{M_A}+\frac{1}{M_B}\right)^{1/2}$$

$$=435.7\times(293^{3/2}/101325)(18.9^{1/3}+29.9^{1/3})^{-2}\cdot(1/18+1/28.9)^{1/2}$$

$$=0.1946\ \mathrm{cm^2/s}=0.0701\ (\mathrm{m^2/h})$$

(2) 计算水的蒸发速率

水表面蒸气分压由附录8查得 $p_{A1}=2338$ Pa,容器口蒸气分压700 Pa,相应空气分压 $p_{B1}=p-p_{A1}$

$$p_{B1}=101325-2338=98987\ (\mathrm{Pa})$$

$$p_{B2}=101325-700=100625\ (\mathrm{Pa})$$

$$p_{Bm}=(p_{B2}-p_{B1})/\ln(p_{B2}/p_{B1})=(100625-98987)/\ln(100625/98987)$$

$$=99804\ (\mathrm{Pa})$$

$$g_A=(M_AD/RT)(p/x)[(p_{A1}-p_{A2})/p_{Bm}]$$

$$=[0.088\times18/(8314\times293)]\times(101325/0.2)[(2338-700)/99804]$$

$$=5.4\times10^{-3}(\mathrm{kg/(m^2\cdot h)})$$

由于水蒸气分压小,也可用费克定律计算:

$$g_A=(M_AD/RT)[(p_{A1}-p_{A2})/x]$$

$$=[0.088\times18/(8314\times293)]\cdot[(2338-700)/0.2]$$

$$=5.33\times10^{-3}(\mathrm{kg/(m^2\cdot h)})$$

每小时蒸发量

$$W=f\cdot g_A=5.33\times10^{-3}\times(\pi/4)\times30^2/10^6$$

$$=3.77\times10^{-6}(\mathrm{kg/h})$$

2.7.3 对流传质的基本公式

对流传质过程可看成是分子扩散和湍流扩散的综合。对流传质的质量流量可写成:

$g_A = -(D + D_E)\mathrm{d}c_A/\mathrm{d}x$；式中，$D_E$ 为湍流扩散系数。

以空气掠过静止的水面为例(如图 2-44 所示)，当湍流流动的空气流经静止的水面时，在水的表面有一层极薄的层流底层(厚度为 x_1)，层流底层以外是过渡区，再外是湍流主体。水蒸气自界面向空气流中心区的扩散过程是：首先水蒸气在底层靠分子扩散进行传递，传质阻力较大，浓度降落呈直线变化；在过渡区和湍流主体内传质，湍流扩散起作用，所以浓度变化较慢。假设有一厚度为 l 的膜层，在此膜层内传质只靠分子扩散，且在此膜层中水蒸气扩散所遇到的阻力和水蒸气由界面扩散到气流中心区所遇到的总阻力相当，这一膜层称为有效层流扩散层，这种假设称为"膜理论"。

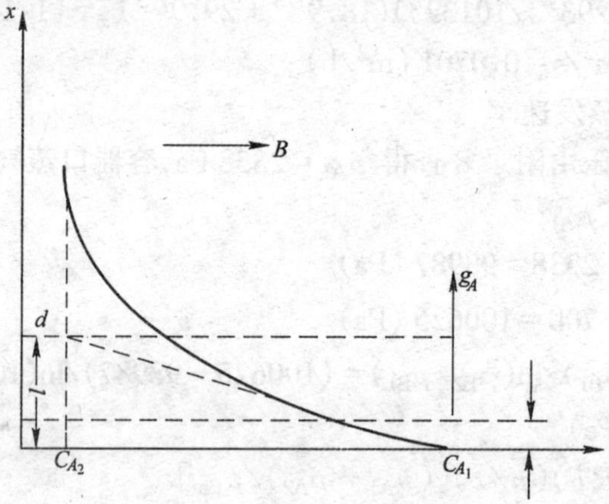

图 2-44 对流传质

根据"膜理论"，可将对流传质质量流量写成：

$g_A = (D/l)\cdot(p/p_{Bm})(c_{A1} - c_{A2})$，或 $g_A = (D/l)\cdot(p/p_{Bm})\cdot M_A/RT\cdot(p_{A1} - p_{A2})$

令 $\alpha_D = (D/l)\cdot(p/p_{Bm})$，则 $g_A = \alpha_D(c_{A1} - c_{A2}) = \alpha_D\Delta c$，或 $g_A = \alpha_D M_A/RT\cdot(p_{A1} - p_{A2})$。

式中 α_D——对流传质系数，m/h。

可见与牛顿冷却公式 $q = \alpha(t_g - t_w)$ 具有相同的形式，故对流传质与对流换热是相类似的，$g_A = \alpha_D\Delta c = \Delta c/(1/\alpha_D)$，即传递质流量与浓度差成正比，与传质阻力成反比。

对于两相间进行传质，可采用同样的处理方法。设传质的阻力在两相内部，且集中于界面两侧的虚拟的层流底层内，两相界面上没有阻力，这种设想称为"双膜理论"，对流传质质量流量可写成：

对流传质质流量 = 总推动力/总阻力

总推动力为一相浓度与另一相平衡浓度之差;总阻力为两相内传质阻力之和。

2.7.4 对流传质微分方程式及对流传质相似

稳定连续的流体,对流传质的微分方程式为:

$$\partial c/\partial \tau + u_x \partial c/\partial x + u_y \partial c/\partial y + u_z \partial c/\partial z = D(\partial^2 c/\partial x^2 + \partial^2 c/\partial y^2 + \partial^2 c/\partial z^2)$$

稳定传质时,$\partial c/\partial \tau = 0$。对于固体或不流动的流体有 $u_x = 0, u_y = 0, u_z = 0$。

在稳定情况下,对对流传质微分方程式进行相似转换可获得如下的特征数:

$Pe^* = ul/D$;Pe^* 称为对流传质贝克来数,在实际工程中常用施密特数 Sc 代替:

$$Sc = Pe'/Re = ul/D \cdot \nu/(ul) = \nu/D = \mu/(\rho D)$$

对边界的扩散方程式进行相似转换得到宣乌特数 Sh:

$$Sh(\text{宣乌特数}) = \alpha_D l/D$$

式中 D——物质在介质中的扩散系数,m^2/h;

u——流体的流速,m/s;

l——定形尺寸,m;

α_D——对流传质系数,m/h。

描述对流传质过程的一般性准数函数关系:$\Phi(Sh, Sc, Re, Fr) = 0$

在介质强制流动情况下为:

$$\Phi(Sh, Sc, Re) = 0$$

对流传质系数

$$\alpha_D = A \cdot D/l \cdot Re^m \cdot Sc^n$$

对流换热的特征数关系:

$$Nu = ARe^m Pr^n$$

对流传质的特征数关系:

$$Sh = ARe^m Sc^n$$

两式相比较,得到

$$Sh = Nu(Sc/Pr)^n$$

由于 $$Sc/Pr = \alpha/D$$

则 $$Sh = Nu(\alpha/D)^n$$

式中 α/D——路易斯数,以 Le 表示;

Re——雷诺(Reynolds)数;

Nu——努塞尔(Nusselt)数;

Sc——施密特(Schmidt)数;

Pr——普朗特(Prandtl)数;

Sh——宣乌特数。

给定 Re,若 $Sc = Pr$,则 $Sh = Nu$,即 $\alpha_D l/D = \alpha l/\lambda$,得到路易斯关系式为

$$\alpha_D = \alpha(D/\lambda) = \alpha/(c_p\rho)$$

常用的对流准数方程式有:

(1) 流体在管内受迫流动时的传质,其特征数方程式为: $Sh = 0.023Re^{0.83}Sc^{0.44}$,应用范围是 $2000 < Re < 35000$ 和 $0.6 < Sc < 2.5$。

(2) 流体沿平壁流动时的传质:层流($Re < 10^5$),$Sh = 0.664Re^{1/2}Sc^{1/3}$;湍流($Re > 10^5$),$Sh = 0.037Re^{4/5}Sc^{1/3}$。

(3) 当流体与壁面传质与传热并存时,通过 α 来计算 α_D: $\alpha/\alpha_D = c_p\rho(\alpha/D)^{2/3} = c_p\rho Le^{2/3}$。

习题与思考题

2-1　热导率的物理意义与单位是什么,影响固体材料热导率的因素有哪些?

2-2　什么叫对流换热,对流换热过程与哪些因素有关,边界层理论对研究对流换热的意义是什么?

2-3　热辐射与导热、对流两种传热方式有什么本质上的差别,热辐射有哪几个基本定律,内容是什么?

2-4　有一座玻璃池窑的胸墙(硅砖砌筑),内外表面平均温度分别为 1400℃ 和 350℃,厚度 550 mm,面积 10 m^2,求通过胸墙的热损失为多少?

2-5　为了测得石棉板的热导率,选定一厚度为 25 mm 的石棉板作试件,试件两表面温度分别为 180℃ 和 30℃,测得通过试件的热流量为 10.6 W,求石棉板的热导率?

2-6　炉墙砌筑材料厚度及热导率如下:

	黏土砖	轻质黏土砖	红砖
厚度 δ/mm	230	113	240
热导率 λ/W·(m·℃)$^{-1}$	1.29	0.44	0.58

内表面温度为 1000℃,外表面温度为 20℃。

计算(1)各层热阻;(2)通过该墙的热流密度;(3)不同材料的界面温度;(4)其他条件不变,去掉轻质黏土砖,使热损失与原来相同时的红砖厚度。

2-7　求通过如题图 2-1 所示复合平壁的热流量。假设热流是一维的,$\lambda_A = 1.2$ W/(m·℃)、$\lambda_B = 0.6$ W/(m·℃)、$\lambda_C = 0.3$ W/(m·℃)、$\lambda_\phi = 0.8$ W/(m·℃);$t_A = 370$℃,$t_D = 66$℃;面积为 0.1 m^2。

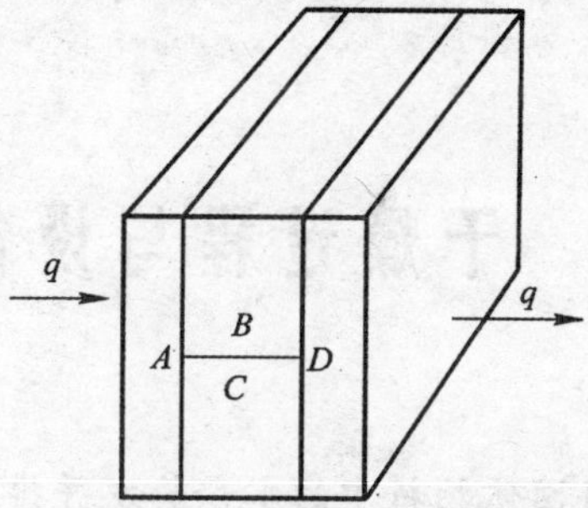

题图 2-1 习题 2-7 附图

2-8 蒸汽管内、外直径分别为 150 mm 和 159 mm，各种保温层厚度及热导率为：

	厚度/mm	热导率 λ/W·(m·℃)$^{-1}$
钢材		4.5
第一保温层	5	0.1
第二保温层	80	0.09
第三保温层	5	0.12

管道内表面温度为 170℃，保温层最外表面温度为 30℃，试计算该蒸汽管每米长热损失及保温层内的温度分布。

2-9 温度为 27℃ 的空气沿表面温度为 14℃、高为 2.8 m 的竖壁冷却，计算对流传热系数及热流密度。

2-10 空气流过光滑管束，已知光滑管束为 5 排，每排 20 根，管长 1.5 m，管外径为 25 mm，采用叉排，$s_1 = 50$ mm，$s_2 = 40$ mm，管壁温度为 120℃，空气流入管束前温度为 15℃，离开管束温度为 45℃，空气在光滑管束最窄截面处流速为 2 m/s，计算对流传热系数及管壁与空气之间的传热量。

2-11 窑炉热烟气经过平滑钢管换热器，烟气中 CO_2 的体积分数为 12.4%，水蒸气的体积分数为 11.1%，烟气平均温度为 850℃，钢管表面平均温度为 650℃，钢管黑度为 0.8，管外径为 57 mm，交错排列，$s = d$，计算烟气与管壁间经过辐射方式交换的热量。

2-12 热烟气进入换热器前温度为 1000℃，出换热器温度为 870℃，空气经换热器由 20℃ 加热至 350℃。

(1) 计算在顺流、逆流、正交逆流时的对数平均温度差。

(2) 若已知要求换热量为 4.4×10^5 W，换热器传热系数为 25.56 W/(m^2·℃)，计算在顺流、逆流所需换热面积。

2-13 炉墙由三种材料砌成，黏土砖厚为 230 mm，轻质黏土砖（$\rho = 1300$ kg/m^3）厚为 113 mm，红砖厚为 240 mm，10 h 等速由 20℃ 上升至 420℃，保温 2 h，外表面与空气间的总传热系数为 4 W/(m^2·℃)。计算保温结束时砌筑体内的温度分布并计算砌筑体的蓄热量。

2-14 何谓不稳定导热，列举在冶金与硅酸盐工业窑炉中哪些过程属于不稳定导热，并采用有限差分法进行不稳定温度场的计算，并编写相关软件程序。

3 干燥过程与设备

本章要点：

干燥是指利用热能将固体物料中的水分蒸发并排出的过程。在黑色与有色冶金工业中，硫铁矿、磁铁矿、铜镍矿、铅锌矿、金矿、砂状氧化铝以及钒钛铁矿等矿石均需要干燥；硅酸盐工业中，黏土、矿渣、燃料都需要干燥，以便于磨碎、筛分、混合、配料等过程顺利进行。陶瓷、耐火材料的半成品也需要干燥，以增加其机械强度，便于运输和装窑，减少烧成的废品。空气或烟气是不可能绝对干燥的，其中含有一定数量的水分。干燥传热方式包括热空气（烟气）对物料介质的对流干燥、辐射干燥、电热干燥等。干燥设备有物料的转筒干燥器、流态化烘干机，以及半成品的室式、隧道干燥器。掌握干燥过程及其基本原理是本章学习的目的，同时了解干燥设备及其工作原理也十分必要。

3.1 湿空气

3.1.1 湿空气的主要参数

3.1.1.1 绝对湿度

每立方米湿空气中所含水蒸气的质量称为空气的绝对湿度，以 ρ_w 表示，在数值上就是水蒸气在其分压下的密度。

当空气被饱和时，空气的绝对湿度称为饱和绝对湿度，以 ρ_s 表示，对应的饱和水蒸气分压以 p_s 表示。其对应关系见本书附录 8。

3.1.1.2 相对湿度

相对湿度指空气的绝对湿度和同温度下饱和绝对湿度之比，用 Φ 表示。

$$\Phi = \rho_w/\rho_s \times 100\% = p_w/p_s \times 100\% \tag{3-1}$$

相对湿度表示空气接近饱和的程度，如果相对湿度小，表明有较大的吸收水蒸气能力。

3.1.1.3 湿含量

湿含量指湿空气下，每千克干空气中所含水蒸气的质量，以 X 表示：

$$X = 水蒸气质量\ m_w/干空气质量\ m_a = 0.622 \times p_w/p_s$$
$$= 0.622p_w/(p - p_w) = 0.622\Phi p_s/(p - \Phi p_s);$$

式中 p——大气压。

3.1.1.4 热含量

湿含量为 X 的湿空气的热含量系指 1 kg 空气的热含量和 X(kg)水蒸气热含量的总和，以 I 表示，单位为 kJ/kg。

当温度为 t(℃)时，1 kg 干空气所具有的热含量 $I_a = c_a t$，c_a 为空气比热容，近似取 1 kJ/(kg·K)。

水蒸气热含量 $I_w = 2490 + 1.93t$(kJ/kg)；

式中 2490——0℃水的汽化潜热，kJ/kg；

1.93——水蒸气的比热容，kJ/(kg·℃)。

湿含量为 X 的湿空气的热含量为：

$$I = I_a + XI_w = c_a t + (2490 + 1.93t)X \tag{3-2}$$

3.1.1.5 干、湿球温度及露点

干球温度反映实际湿空气的实际温度，湿球温度即为将温度计用浸没在水里的纱布包住，导致水温下降，当水温不再下降时的温度计指示温度。根据干球温度 t_d 和干湿球温度差 $\Delta t = t_d - t_w$，可查出空气的相对湿度；如 $t_d = 24.4$℃，$t_w = 20$℃，$\Delta t = 4.4$℃，查本书附录 7 得到 $\Phi = 67\%$。

湿空气的湿含量不变被冷却，一直冷却到湿空气达到饱和状态而将凝结成水的温度称为露点，以 $t_{d,p}$ 表示。若湿空气已饱和，则干球温度、湿球温度和露点三者相等。

［**例 3-1**］ 干湿球温度计的干球温度为 22℃，湿球温度为 16℃，试计算空气的相对湿度。

解 由湿球温度的意义可知，这是一个传质、传热同时发生的例子。设干球温度为 t_d，湿球温度为 t_w，空气中水蒸气质量浓度为 ρ_∞，湿球表面上的水蒸气质量浓度为 ρ_w。根据湿球温度计的热平衡，湿球从空气中所得热量应等于水蒸气所消耗的热量：

$$\alpha(t_d - t_w) = g \cdot \gamma$$

式中 α——对流换热系数，W/(m²·℃)；

g——蒸发的水分量，kg/(m²·h)；

γ——湿球温度下，水的汽化热，kJ/kg。

对湿球的传质过程，表示为 $g = \alpha_D(\rho_W - \rho_\infty)$；其中 α_D 为对流传质系数，m/s。

$$(\alpha/\alpha_D)(t_d - t_w) = (\rho_W - \rho_\infty)\gamma$$

根据公式：$\alpha/\alpha_D = c_p\rho Le^{2/3}$；$c_p$ 为空气的比定压热容；ρ 为空气密度。

$$Le = Sc/Pr;\ Sc = v/D$$

空气在平均温度(22+16)/2= 19℃时，密度 $\rho = 1.210\ \text{kg/m}^3$；比定压热容 $c_p = 1.005\ \text{kJ/(kg·℃)}$，$Pr = 0.703$；$v = 14.97 \times 10^{-6}(\text{m}^2/\text{s})$。

$$D = D_0(T/T_0)^{3/2} = 0.22 \times (292/273)^{3/2} = 24.4 \times 10^{-6}(\text{m}^2/\text{s});$$

$$Sc = 14.97 \times 10^{-6}/(24.4 \times 10^{-6}) = 0.614;$$

$$Le = 0.614/0.703 = 0.873。$$

湿球表面上的空气可以认为是饱和的，其饱和蒸气从附录 8 中查得 P_w = 1817 Pa，则：$\rho_w = M_A p_w/RT = 18 \times 1817/(8314 \times 289) = 0.0136\ (\text{kg/m}^3)$。

16℃时水的汽化热 γ = 2463 kJ/kg，代入上式得：

$$1.005 \times 1.21 \times 0.873^{2/3} \times (22-16)/2463 = 0.0136 - \rho_\infty$$

$$\rho_\infty = 0.0109\ (\text{kg/m}^3)$$

根据理想气体状态方程，可求出水蒸气在空气中的分压为：

$$P_\infty = RT\rho_\infty/M = 8314 \times 295 \times 0.0109/18 = 1485.2\ (\text{Pa}),$$

由附录 8 查得 22℃水蒸气的饱和蒸气压为 p'_w = 2644 Pa，故相对湿度 Φ = 1485.2/2644×100% = 56.17%。

3.1.2　湿空气的 *I-X* 图

I-X 图表示在既定的大气压下的湿空气主要参数热含量 I、湿含量 X、温度 t、相对湿度 Φ 和水蒸气分压 p_w 之间的图解关系。

3.2　干燥器的物料平衡与热量平衡

利用热空气对物料进行干燥的流程如图 3-1 所示，空气进入加热器被加热后进入干燥器，在干燥器内把热量传给物料用于蒸发物料中的水分，然后排出干燥器。湿物料进入干燥器后被空气加热，并蒸发其中的水分，干燥后的物料由干燥器排出。

3.2.1　物料平衡

为建立干燥器内的物料平衡，首先介绍物料的绝对水分和相对水分。

物料的绝对水分是指物料中所含水分量 M 与绝对干物料量 G_d 之比，用百分数表示，即 $W_a = M/G_d \times 100\%$。

物料的相对水分是指物料中所含水分量 M 与湿物料量 G_w 之比，即 W_r =

M/G_w，故 $W_a = W_r/(1-W_r)\times 100\%$，$W_r = W_a/(1+W_a)\times 100\%$。

如物料中绝对水分为12%，其相对水分 $W_r = 0.12/(1+0.12) = 10.7\%$；而相对水分为10.7%，绝对水分 $W_a = 0.107/(1-0.107) = 12\%$。

干燥器中蒸发水分量

$$W = G_1(W'_r - W''_r)/(1-W''_r) = G_2(W'_r - W''_r)/(1-W'_r)$$

式中　W——每小时蒸发的水分量，kg/h；

G_1、G_2——分别为进出干燥器的物料量，kg/h；

W'_r、W''_r——分别为进出干燥器的相对水分，%。

参照图3-1，进入干燥器的物质量等于出干燥器的物质量：

$$L_1 + L_1X_1 + G_1 = L_2 + L_2X_2 + G_2$$

式中　L_1、L_2——分别为进出干燥器干空气量，kg/h；

X_1、X_2——分别为进出干燥器空气的湿含量，kg/kg。

若以每蒸发1 kg水所消耗的干空气量 l 表示，则 $l = \dfrac{1}{X_2 - X_1}$，由于空气经过加热器湿含量不变，则

$$l = 1/(X_2 - X_0) \tag{3-3}$$

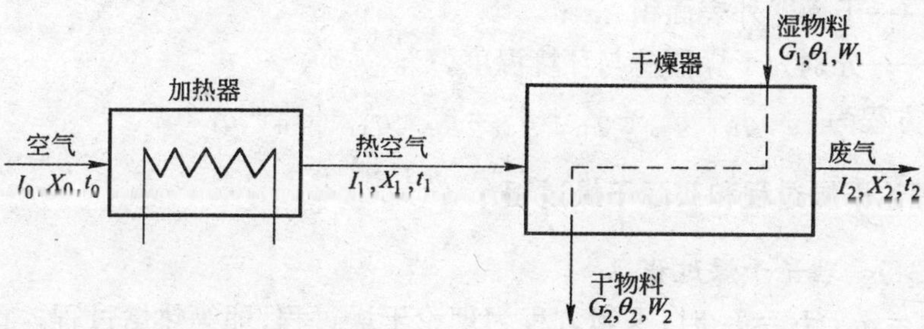

图3-1　干燥流程示意图

3.2.2　热量平衡

进入干燥器热平衡，首先应确定热平衡范围，取0℃作为基准温度，以每蒸发1 kg水所消耗的热量为计算单位。

3.2.2.1　干燥器收入热量

(1) 1 kg水分带入的热量(kJ/kg)：

$$q_h = lI_1$$

(2) 湿砖坯带入的显热，为绝对干坯及其中水分带入热量的总和(kJ/kg)：

$$q'_m = (G_0 c_0 \theta_1 + M_1 c_w \theta_1)/W \tag{3-4}$$

式中　G_0——绝对干物料质量，kg/h；

c_0、c_w——分别为绝对干物料和水的比热容，kJ/(kg·℃)；

θ_1——进入干燥器物料的温度，℃。

(3) 托板或运输设备带入的热量(kJ/kg)：

$$q'_{tr} = (G_{tr} \cdot c_{tr} t_1)/W$$

式中　G_{tr}, c_{tr}, t_1——分别为托板或运输设备的质量，kg；比热容，kJ/(kg·℃)及干燥器温度，℃。

(4) 每千克水分在干燥器中补充的热量(kJ/kg)：

$$q_{ad} = Q_{ad}/W$$

式中　Q_{ad}——在干燥器中补充的热量，kJ/h。

3.2.2.2　干燥器支出的热量

(1) 空气离开干燥器带走的热量 $q_0 = l\, I_2$

(2) 干坯带走的显热量 $q''_m = (G_0 c_0 \theta_2 + M_2 c_w \theta_2)/W$

(3) 托板或运输设备带走的热量 $q''_{tr} = (G_{tr} \cdot c_{tr}\, t_2)/W$

(4) 散失到干燥器周围的热量 $q_1 = KF(t_w - t_a)/W$

式中　F——干燥器外表面积，m^2；

t_w、t_a——分别为干燥器壁与环境温度，℃。

平衡方程为

$$q_h + q'_m + q'_{tr} + q_{ad} = q_0 + q''_m + q''_{tr} + q_1 \tag{3-5}$$

3.2.3　理论干燥过程和实际干燥过程

3.2.3.1　理论干燥过程

当 $q_h = q_0$，$I_1 = I_2$ 时，平衡方程为理论干燥过程，即等热焓过程。也就是说热空气的热含量只用于蒸发水分，蒸发水分的热量又全部随被蒸发的水分回到热空气中。

理论干燥过程在 I-X 图上的表示和计算如图 3-2 所示。初始空气的状态由 A 点表示，经过加热器，空气按等湿线 AB 变化，到出加热器时，热空气的状态由 B 点表示，经过干燥器，热空气按等热焓线 BC 变化到 C 点，C 点即为出干燥器废气的状态点。理论干燥过程在 I-X 图上表示为 ABC 折线。

用 I-X 图来计算理论干燥过程时，蒸发每千克水的空气消耗量为 l_{th}，

$$L = 1/(X_2 - X_0) = l_{th}/(DC \cdot M_x)$$

式中　DC——$(X_2 - X_0)$线段长度，mm；

M_x——湿含量比例尺,kg/(kg·mm)。

热量消耗 q_{th}即为空气在加热器中获得的热量(kJ/kg):

$$q_{th}=l_{th}(I_1-I_0)=(AB\cdot M_i)/(DC\cdot M_x)$$

式中 AB——(I_2-I_0)线段长度,mm;

M_i——热含量比例尺,每千克干空气长度热含量,kJ/(kg·mm)。

3.2.3.2 实际干燥过程

当 $q_h-q_0=(q''_m+q''_{tr}+q_l)-(q'_m+q'_{tr}+q_{ad})=l(I_1-I_2)=\Delta$

$\Delta=(I_1-I_2)/(X_2-X_0)$

在大多数情况下,$\Delta>0$,即损失的热量大于补充的热量,此时 $I_1>I_2$。

实际干燥过程也可以在 I-X 图上表示和计算,如图 3-3 所示。

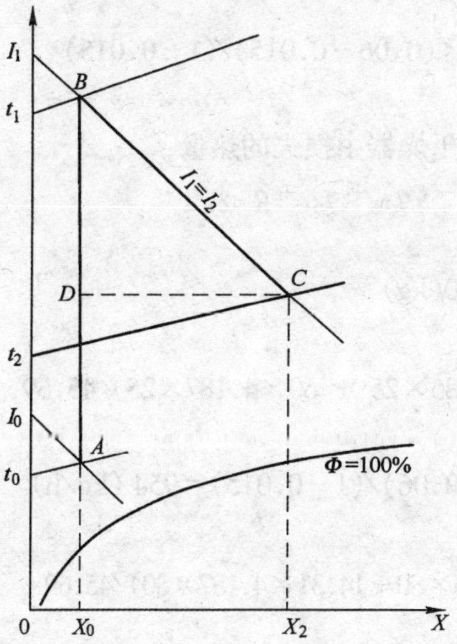

图 3-2 理论干燥过程

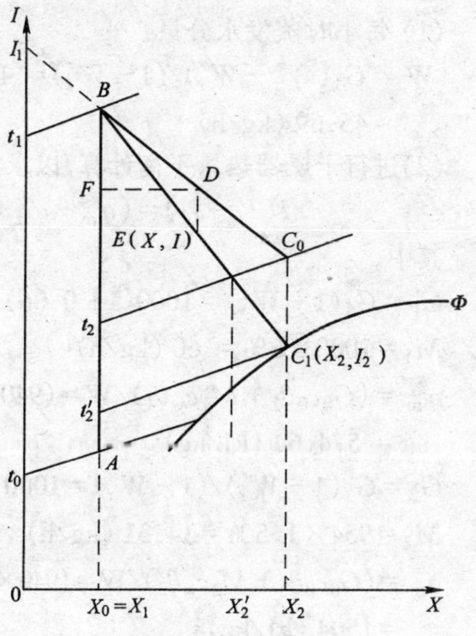

图 3-3 实际干燥过程
($\Delta>0$)

空气经加热由状态 A 到达状态B 后,对于理论干燥过程,则沿等热焓线 I_1 到达 C_0,即 BC_0 表示理论干燥过程;对于实际干燥过程,由于其热含量 $I_2<I_1$,BC_1 必然要比 BC_0 为陡。设 E 点为实际干燥过程的某一状态点,其参数为(X、I),由 E 点沿等湿含量线引直线向上交BC_0 于 D 点,由 D 点引水平线DF 交 AB 于F 点。对实际干燥过程中任意点 E

$$DE = \Delta \cdot DF \cdot M_x / M_i$$

实际干燥过程蒸发每千克水消耗的空气量为：$l = 1/(X'_2 - X_0)$

蒸发 1 kg 水分加热器应供给空气的热量或称实际热量消耗为

$$q = (I_1 - I_0)/(X'_2 - X_0)$$

[例 3-2]　耐火砖坯体在干燥器中进行干燥，进料量 G_1 为 1000 kg/h，进口处坯体相对水分 $W'_r = 6\%$，出口处坯体相对水分 $W''_r = 1.5\%$，计算蒸发 1 kg 水分所需的空气量和消耗的热量。已知空气温度 t_0 为 15℃，每千克干空气湿含量 X_0 为 0.008 kg/kg，进干燥器的空气温度 $t_1 = 140℃$，出口干燥器废气相对湿度 $\phi = 60\%$，坯体进干燥器温度为 25℃，出干燥器温度为 80℃，干坯比热容为 0.85 kJ/(kg·℃)。

解

(1) 每小时蒸发水分量：

$$W = G_1(W'_r - W''_r)/(1 - W''_r) = 1000 \times (0.06 - 0.015)/(1 - 0.015)$$
$$= 45.69\ (\text{kg/h})$$

(2)进行干燥器热量平衡计算，以求得在干燥器中损失的热量：

$$l(I_1 - I_2) = (q''_m + q''_{tr} + q_l) - (q'_m + q'_{tr} + q_{ad})$$

其中，

$$G_0 = G_1(1 - W'_r) = 1000(1 - 0.06) = 940(\text{kg})$$

$$M_1 = 1000 \times 6\% = 60\ (\text{kg/h})$$

$$q'_m = (G_0 c_0 \theta_1 + M_1 c_w \theta_1)/W = (940 \times 0.85 \times 25 + 60 \times 4.187 \times 25)/45.69$$
$$= 574.64\ (\text{kJ/kg})$$

$$G_2 = G_1(1 - W'_r)/(1 - W''_r) = 1000(1 - 0.06)/(1 - 0.015) = 954\ (\text{kg/h})$$

$$M_2 = 954 \times 1.5\% = 14.31\ (\text{kg/h})$$

$$q''_m = (G_0 c_0 \theta_2 + M_2 c_w \theta_2)/W = (940 \times 0.85 \times 80 + 14.31 \times 4.187 \times 80)/45.69$$
$$= 1504\ (\text{kJ/kg})$$

加热运输设备实际消耗热量计算过程略。

$$q''_{tr} - q'_{tr} = 990\ (\text{kJ/kg})$$

散失于周围的热量，其计算结果为 $q_1 = 1045$ (kJ/kg)。

实际干燥过程中，蒸发每千克水分所损失的热量为

$$l(I_1 - I_2) = \Delta = (1504 - 574.64) + 990 + 1045 = 2964.36\ (\text{kJ/kg})$$

(3) 在 I-X 图上作出理论干燥过程 ABC_0 线如图 3-4，根据 t_0 为 15℃，每千克干空气具有的湿含量 X_0 为 0.008 kg/kg，在 I-X 图上作 A 点，$I_0 = 33$ kJ/kg，沿等

湿线相交于 B 点，B 点参数 $t_1 = 140℃$，$X_1 = X_0 = 0.008$ kg/kg，$I_1 = 163$ kJ/kg，然后沿等 I 线至 $\Phi = 60\%$ 相交于 C_0 点，得 $X_2 = 0.044$ kg/kg。

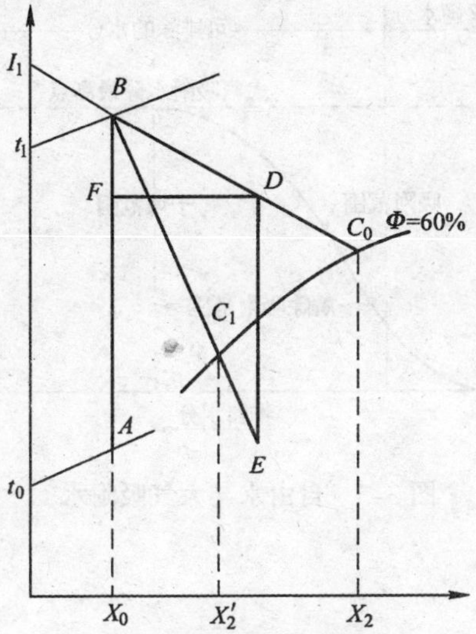

图 3-4 例 3-2 附图

再求出实际干燥过程线 BC_1。在 BC_0 线上任取一点 D，量取 $DF = 57$ mm，$DE = \Delta \cdot DF \cdot M_x / M_i$，$= 2964.36 \times 57 \times 0.0004 / 0.2 = 81$ mm，连接 BE 线与 $\Phi = 60\%$ 线相交于 C_1 点，C_1 点即为实际干燥过程的终点，根据 C_1 点查得在实际干燥过程中每千克干空气的湿含量 $X_2' = 0.027$ kg/kg。

(4) 计算每小时消耗空气量及热量.

空气量 $L = lW = W/(X_2' - X_0) = 45.69/(0.027 - 0.008) = 2405$ (kg/h)；

热量 $Q = l(I_1 - I_0)W = 2405(163 - 33) = 312650$ (kJ/h)。

3.3 干燥过程

3.3.1 物料中水分的结合形式

物料中所含的水分包括物理水和化学结合水两大类。自由水是由物料直接与水接触而吸附的水分，存在于物料的大毛细管中。物料表面水蒸气分压等于物料表面温度下的饱和水蒸气压。大气吸附水是存在于微细毛细管中及物料细分散的胶体颗粒表面的水，与物料结合牢固。如图 3-5 所示，在图中与 $\phi = 1$ 相平衡的水分是大气吸附水分的最高点，超过此点即为自由水。与 $\phi < 1$ 相平衡的水分都属于大气吸附水，在曲线左边不能进行干燥反而吸湿。物料中平衡水

分就是在一定干燥制度下物料达到的最小水分。

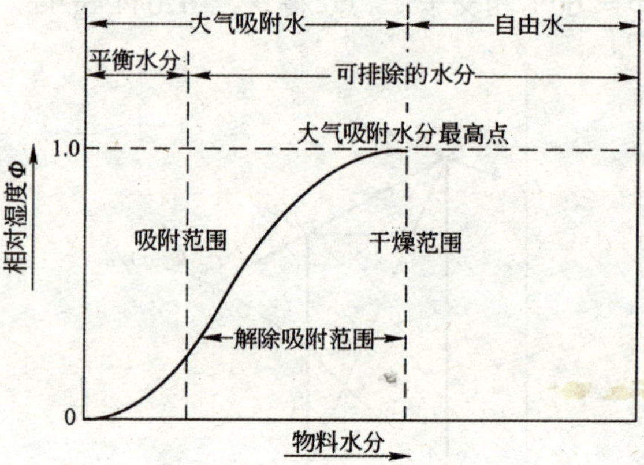

图 3-5　自由水与大气吸附水

3.3.2　对流干燥过程

假如耐火材料在干燥过程中不发生化学反应，干燥介质具有恒定的温度和相对湿度时，物料干燥速度、蒸发水分量及表面温度随时间变化的关系如图 3-6 所示。

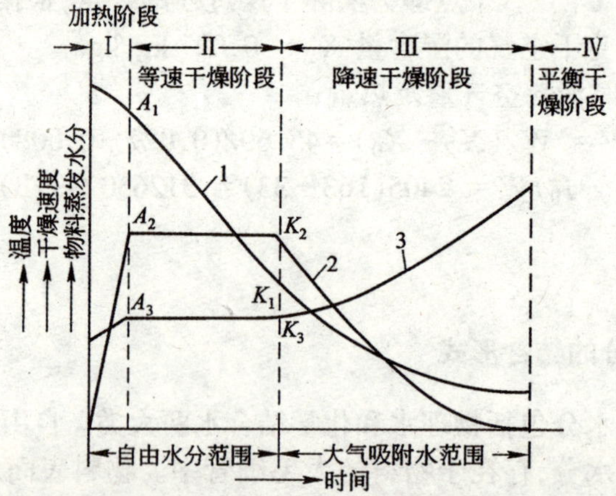

图 3-6　物料干燥速度、蒸发水分量及表面温度随时间变化的关系
1—物料蒸发水分随时间的变化关系；2—干燥速度与时间的关系；
3—物料表面温度改变与时间的关系

3.3.2.1 加热阶段

在加热阶段,单位时间传给物料表面的热量大于表面水分蒸发所消耗的热量,表面温度升高。

3.3.2.2 等速干燥阶段

在等速干燥阶段,干燥以恒定的速度进行。表面温度不变,等于干湿球温度,干燥速度取决于外扩散能力。

等速干燥阶段的干燥速度用外扩散公式计算:

$$g = \alpha_D M(p_f - p_m)/RT \tag{3-6}$$

式中 g——干燥速度,kg/(m²·h);

α_D——对流传质系数,m/h;

M——水的相对分子质量;

p_f——物料表面水蒸气分压,Pa;

p_m——介质水蒸气分压,Pa。

蒸发水分量与传递热量成正比,干燥速度可用传热公式计算:

$$dQ/d\tau = \gamma dW/d\tau = \alpha F(t_m - t_f) \tag{3-7}$$

式中 Q——通过对流换热传给物料的表面热量,kJ;

γ——水分在物料表面温度下的汽化潜热,kJ/kg;

W——物料表面汽化水分量,kg;

τ——汽化时间,h;

α——对流换热系数,W/(m²·℃);

F——传热面积,m²;

t_m——干燥介质温度,℃;

t_f——物料表面温度,℃。

将两式进行比较,可得:

$$g = dW/(Fd\tau) = (\alpha/\gamma)\cdot(t_m - t_f) = B(t_m - t_f)$$

式中 B——汽化系数($B = \alpha/\gamma$),kg/(m²·h·℃)。

在等速干燥阶段,随着自由水的排除,物料颗粒靠拢,从而产生体积收缩,在不适当的干燥制度下会造成干燥缺陷。当表面自由水消失时,开始进入降速干燥阶段。如图 3-6 中的 K_1、K_2、K_3 点为等速干燥阶段转向为降速干燥阶段的转变点,此时物料总的平均水分为临界水分。

3.3.2.3 降速干燥阶段

超过 K 点后,进入大气吸附水的排除阶段。干燥速度逐渐降低,干燥速度受内扩散控制，物料表面温度上升。

3.3.2.4　平衡阶段

达到平衡水分，物料中水分不再随时间变化，干燥速度停止，物料表面温度加热到介质干球温度，干燥过程停止。

［**例 3-3**］　空气以 3.1 m/s 的速度沿水平砖坯表面流动，湿砖坯表面温度为 15℃，空气温度为 20℃，空气中水蒸气分压为 750 Pa，在空气流动方向上水平表面长度 l 为 0.1 m，求每平方米表面积每小时蒸发水分量。

解　由附录 1 查得 20℃时空气的 $v = 1.506\times10^{-5}\ m^2/s$；

空气的雷诺数$(Re) = ul/v = 3.1\times0.1/1.506\times10^{-5} = 20600$

对流传质的宣乌特数方程式 $Sh = 0.664Re^{1/2}Sc^{1/3}$；

$$Sc = v/D$$

从表 2-9 查得水蒸气在空气中的扩散系数 $D_0 = 0.22\ cm^2/s$，并进行温度修正：

$D = (T/T_0)^{3/2}\quad D_0p_0/p = (290.5/273)^{3/2}\times0.22 = 0.241\ cm^2/s$（$p_0\approx p$，理论公式为 $D = D_0\dfrac{p_0}{p}\left(\dfrac{T}{T_0}\right)^{3/2}$，代数值时省略了 p_0、p 的值）

$v/D = 0.625$；　$Sh = 0.664\times20600^{1/2}\times0.625^{1/3} = 81.47$

$Sh = \alpha_0 l/D$；　$\alpha_D = Sh\cdot D/l = 81.47\times0.241/10 = 1.963\ cm/s = 70.67(m/h)$

在干燥开始阶段，表面水分多，其表面水蒸气分压可认为在该温度下的饱和水蒸气压，温度为 15℃，查附录 8 得到水蒸气分压为 1708 Pa。

$p_{A1} = 1708\ Pa$，$p_{A2} = 750\ Pa$：

所以蒸发水分量 $g = \alpha_D\ M_A(p_{A1} - p_{A2})/RT = 70.68\times18\times(1708 - 750)/(8314\times288) = 0.51(kg/(m^2\cdot h))$。

3.3.3　物料中水分的内扩散——湿传导与热湿传导

在潮湿物料中，由水分梯度引起的内扩散，称为湿传导（湿扩散）。根据扩散基本定律，单位时间内从单位表面积排出的水分量为：

$$G_w = -D(dC/dX)_f;(dC/dX)_f = 2(C_c - C_f)/(\delta/2)$$

式中　D——水分湿扩散系数；

$(dC/dX)_f$——表面水分梯度；

C_c——物料中心的水分；

C_f——物料表面的水分，如图 3-7 所示。

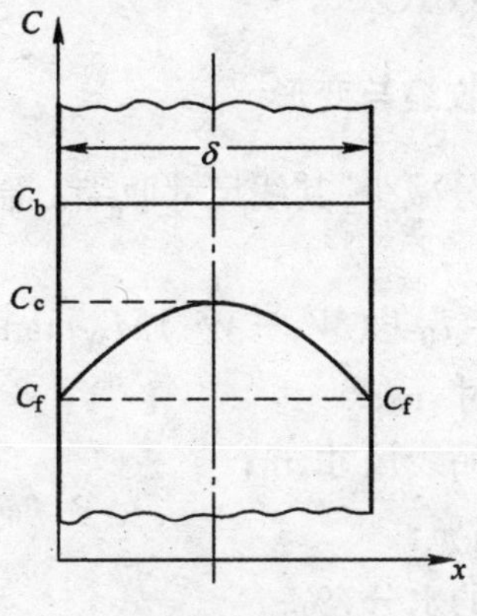

图 3-7 物料干燥时水分的分布

C_b—开始时物料水分；C_c—物料中心的水分；C_f—物料表面的水分

该情形仅适于存在水分梯度而无温度梯度，故适用于等速干燥阶段。

若有温度梯度引起的水分移动称为热湿传导。

干燥时物料内部水分的移动可以看成水沿毛细管的流动，如图 3-8 所示。毛细管液体弯月面上的压强为：$p_m = p - 2a/r$，当毛细管两端温度 $T_1 > T_2$ 时，

$$p_{m1} - p_{m2} = 2(a_2 - a_1)/r \tag{3-8}$$

式中 p_m——液体弯月面上所受的压强，Pa；

p——大气压强，Pa；

a——液体表面张力，N/m；

r——毛细管半径，m。

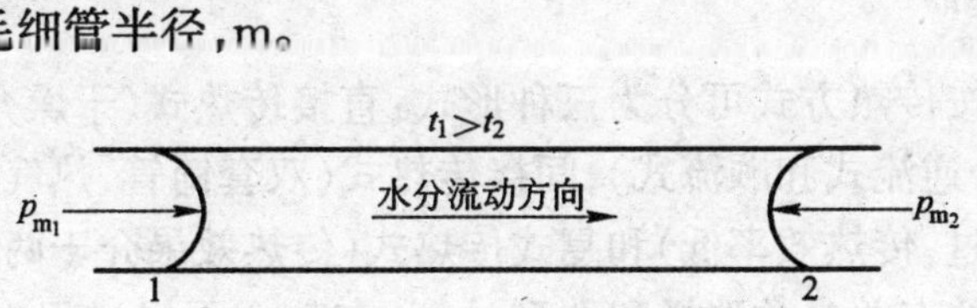

图 3-8 水分沿毛细管流动

在较高温度下，高温处弯月面压强较大而形成压强差。

由热湿传导引起的水分移动速度为：

$$g_{hw} = -B\partial t/\partial X = -D\rho_0 K\partial t/\partial X \tag{3-9}$$

式中 g_{hw}——水分移动速度，kg/(m²·h)；

D——水分湿扩散系数，m²/h；

ρ_0——干物料绝对密度，kg/m³；

K——热湿传导系数,$℃^{-1}$。

3.3.4 物料在干燥过程的收缩与变形

耐火制品在干燥时,水分减少,其线尺寸收缩。制品线尺寸与所含水分之间关系为:

$$l = l_0 + (W_1 - W_2)M_W \cdot \tan\phi \tag{3-10}$$

式中　l——潮湿制品线尺寸,m;

l_0——停止收缩后制品线尺寸,m;

W_1——制品的初水分,%;

W_2——制品不收缩时的水分,%;

M_W——水分含量比例尺,每1%的水分含量相当于长度的尺寸,m;

$\tan\phi$——线收缩的斜率。

上式进一步改写为:

$$l = l_0[1 + (W_1 - W_2)M_W \cdot \tan\phi / l_0] = l_0[1 + \alpha(W_1 - W_2)M_W]$$

式中,$\alpha = \tan\phi / l_0$,黏土制品的 α 为0.004~0.007 K^{-1}。

3.4 干燥设备

在硅酸盐工业中,常用的干燥设备:散状物料的有转筒干燥器、流态化烘干设备;制品干燥设备有间歇式的室式干燥器和连续式的隧道干燥器。

3.4.1 转筒干燥器

转筒干燥器按传热方式可分为三种形式:直接传热式(干燥介质与物料在筒体内直接接触,分逆流式和顺流式),间接传热式(双套筒管,热气体由内筒通过,物料由外套筒通过,传热效率低)和复式传热式(传热效果介于两者之间)。

转筒干燥器的有关参数选择和选型计算:在整个干燥过程中必须保持物料温度低于物料允许的加热温度,为此一般采用顺流方式进行干燥。同时还必须对进出干燥器的气体温度加以控制,一般进出干燥器气体温度可参考表3-1。为了保证热气流与物料之间热交换,又要避免烟气带走大量粉尘,因此必须具有适当的烟气出口速度,一般可取1.5~2.5 m/s。转筒干燥器蒸发强度与物料性质、块度、水分含量以及干燥筒结构、操作制度等因素有关,一般可采用表3-2的经验数据。

表 3-1 进出干燥器气体温度

物料种类	进干燥器烟气温度/℃	出干燥器废气温度/℃
黏土	600～800	100～150
烟煤	500～700	100～120

表 3-2 转筒干燥器的蒸发强度

物料种类	干燥筒形式	转筒内结构	蒸发强度/kg·(m³·h)⁻¹
黏土	顺流	扬料槽	30～40
烟煤	顺流	扬料槽	40

根据每小时所需蒸发水分量,转筒干燥器的容积 V:

$$V = W/A$$

式中 W——每小时蒸发水分量;

A——蒸发强度。

已知转筒容积,筒体长度和直径可按下式计算:

$$L = (VK^2/0.785)^{1/3}$$

式中 L——筒体长度;

K——筒体长度与直径之比($K = L/D$);

D——筒体直径。

[例 3-4] 若每小时要求干燥软质黏土 5000 kg(按干燥前重量计),黏土干燥前相对水分 $W_r = 14\%$,干燥后相对水分 $W''_r = 4\%$。转筒干燥器采用顺流式,内部有扬料板。试选取标准转筒干燥器。

解 $G_1 = 5000$ kg/h;

每小时蒸发的水分量为:

$$W = G_1(W'_r - W''_r)/(1 - W''_r) = 5000(0.14 - 0.04)/(1 - 0.04) = 520\ (\text{kg/h})$$

取蒸发强度 $A = 30$ kg/(m³·h),则所需干燥器容积为 $V = W/A = 520/30 = 17.3\ (\text{m}^3)$。

取 $K = L/D = 8$, $L = (VK^2/0.785)^{1/3} = (17.3 \times 8^2/0.785)^{1/3} = 11.2\ (\text{m})$。

$D = 11.2/8 = 1.4\ (\text{m})$。

3.4.2 其他干燥设备

其他干燥设备有气流干燥器、流化床干燥器、喷雾干燥器、室式干燥器、隧道干燥器、链式干燥器等(见相关设备资料)。

习题与思考题

3-1　表明湿空气特征的参数有哪些，如何根据这些参数之间关系制作 *I-X* 图，*I-X* 图应用有什么条件？

3-2　等速干燥阶段为什么也称为外扩散控制阶段，降速干燥阶段也称为内扩散控制阶段，在这两个阶段中提高干燥速率的因素分别是什么？

3-3　已知空气温度为20℃，绝对湿度为12.5 g/m³，计算其相对湿度为多少，当时的水蒸气分压为多少，并计算该空气的湿含量及热含量各为多少？

3-4　已知空气干球温度为30℃，湿球温度为25℃，试用 *I-X* 图求该空气的湿含量、热含量、相对湿度、露点温度及水蒸气分压。

3-5　用20℃、相对湿度50%的冷空气与50℃、相对湿度80%的热气体以1∶3的比例混合，用计算法与作图法求出混合气体的湿含量、热含量及干球温度。

3-6　温度为20℃、相对湿度为40%的空气与温度为70℃、相对湿度为70%的空气混合，混合温度为45℃。在将此空气经加热器加热至95℃进入干燥器，出干燥器时的废气相对湿度为80%，试求在理论干燥过程每蒸发1 kg水所消耗的空气量及热量。

3-7　有一干燥器，空气预热前温度为20℃，相对湿度为40%，预热后空气温度升至170℃，送入干燥器，离开干燥器时的废气温度为60℃。进入干燥器湿物料相对水分为5.5%，出干燥器相对水分为1%。

(1) 计算理论干燥过程中干燥每吨物料(产品计)所需空气量及消耗热量。

(2) 计算实际干燥过程，当蒸发每千克水的热损失 $\Delta = 1256$ kJ/kg 时，干燥每吨物料所需要空气量及热量。

4 燃料与燃烧

本章要点：

凡在燃烧时能放出大量热，并且此热量能有效地被利用在工业或其他方面的物质，统称为燃料。大凡热量的来源有两种，一种由燃料燃烧产生，利用化石燃料或生物质燃料的化学能演变为热能；另一种则以电为热源，通过电热转换生成热量。当前伴随着全球能源紧张，煤和油气燃料矿产资源开采和利用均面临着极度困境，为此有效地利用燃料来供给国民经济和社会发展需求，是本章学习的背景知识。冶金与硅酸盐工业是耗能大户，燃料费用在成本中占据较大比例。如生产硅酸盐水泥时，燃料费用约占成本的20%，还释放出大量废气，而且烧成过程对制品的产量与质量影响也很大。因此了解各类化石燃料的热工特性、燃烧计算、生成烟气与所需空气比例等热工基础知识十分必要，也可为进一步熟悉掌握燃料燃烧机理、燃烧过程、燃烧设备操作和节能环保措施设计奠定扎实的基础。

4.1 燃料特性及各类燃料

一般化石燃料根据物态不同，可分为气体燃料、液体燃料和固体燃料，如表4-1所示。

表 4-1 燃料的一般分类

来 源	物 态		
	气 态	液 态	固 态
天然原料	天然气	石油	泥煤、烟煤、无烟煤、褐煤、油页岩
人造原料	高炉煤气、焦炉煤气、发生炉煤气	汽油、煤油、柴油、重油等	焦炭、煤粉等

4.1.1 燃料组成

4.1.1.1 气体燃料组成

湿组成：$\varphi_W(CO)+\varphi_W(H_2)+\varphi_W(C_nH_m)+\cdots+\varphi_W(H_2O)=100\%$；

干组成：$\varphi_d(CO)+\varphi_d(H_2)+\varphi_d(C_nH_m)+\cdots+\varphi_d(H_2O)=100\%$。

干、湿煤气组成的换算：

已知在湿煤气中水分含量为 $\varphi_W(H_2O)$，干、湿煤气组成之间的换算为：

取 100 m^3 湿煤气，其中已知 $\varphi_W(CO)$，则 $V(CO)=100\times\varphi_W(CO)$，干煤气中，已知 $\varphi_d(CO)$，则 CO 体积也可表示为：

$$V(CO)=(100-\varphi_W(H_2O))\varphi_d(CO)$$

$$\varphi_W(CO)=(100-\varphi_W(H_2O))\cdot\varphi_d(CO)/100 \tag{4-1}$$

1 kg 水汽的体积为 $22.4/18=1.24(m^3/kg)$，与 100 m^3 干煤气相应的水汽质量为 $100\times G/1000$(kg)，标准状态水汽体积则为 $0.124G(m^3)$。

$$V(CO)=(100+0.124G)\varphi_W(CO);\ \varphi_W(CO)=100\cdot\varphi_d(CO)/(100+0.124G)$$

［**例 4-1**］　已知发生炉煤气的组成为：

$\varphi_d(CO)$	$\varphi_d(H_2)$	$\varphi_d(CH_4)$	$\varphi_d(O_2)$	$\varphi_d(N_2)$	$\varphi_d(CO_2)$
29.8%	15.4%	3.7%	0.2%	43.2%	7.7%

煤气温度为 26℃，求该煤气的湿组成的体积分数。

解　查附录 8，当煤气温度为 26℃时，其饱和水蒸气标态含量 $G=27.60\ g/m^3$，根据公式，换算系数为 $100/(100+0.124\times27.60)=0.967$

湿煤气组成：$\varphi_W(CO)=29.8\times0.967=28.82\%$；

$\varphi_W(H_2)=15.4\times0.967=14.89\%$；

$\varphi_W(CH_4)=3.7\times0.967=3.58\%$；

$\varphi_W(O_2)=0.2\times0.967=0.19\%$；

$\varphi_W(N_2)=43.2\times0.967=41.77\%$；

$\varphi_W(CO_2)=7.7\times0.967=7.45\%$。

4.1.1.2　固体、液体燃料组成

固体燃料和液体燃料都是古代动、植物埋藏地下，经过长期的地质和化学作用而生成，其基本组成元素有碳(C)，氢(H)、氧(O)、氮(N)、硫(S)，除此还有含有一定数量的灰分(A)和水分(W)。

根据所选用的基准不同，燃料的组成可有如下几种表示方法：

(1) 应用基组成：

$$w_y(C)+w_y(H)+w_y(O)+w_y(N)+w_y(S)+w_y(A)+w_y(W)=100\%$$

(2) 分析基组成：

$$w_f(C)+w_f(H)+w_f(O)+w_f(N)+w_f(S)+w_f(A)+w_f(W)=100\%$$

(3) 干燥基组成：

$$w_g(C) + w_g(H) + w_g(O) + w_g(N) + w_g(S) + w_g(A) = 100\%$$

(4) 可燃基组成:

$$w_r(C) + w_r(H) + w_r(O) + w_r(N) + w_r(S) = 100\%$$

$$w_y(C) = w_f(C)(100 - w_y(W))/(100 - w_y(W))$$

[例 4-2] 已知烟煤组成如下:

$w_r(C)$	$w_r(H)$	$w_r(O)$	$w_r(N)$	$w_r(S)$	$w_g(A)$	$w_y(W)$
80.67%	4.85%	13.10%	0.8%	0.58%	10.92%	3.20%

将其换算成应用基表示的燃料组成。

解 由干燥基换算成应用基的换算系数为:

$$(100 - w_y(W))/100 = (100 - 3.2)/100 = 0.968$$

以应用基表示的灰分组成为:

$$w_y(A) = w_g(A) \times 0.968 = 10.92\% \times 0.968 = 10.57\%$$

由可燃基换算为应用基的换算系数为:

$$[100 - (w_y(A) + w_y(W))]/100 = [100 - (10.57 + 3.20)]/100 = 0.86$$

以应用基表示的其他成分为:

$$w_y(C) = w_r(C) \times 0.86 = 80.67\% \times 0.86 = 69.38\%;$$

$$w_y(H) = w_r(H) \times 0.86 = 4.85\% \times 0.86 = 4.17\%;$$

$$w_y(O) = w_r(O) \times 0.86 = 13.10\% \times 0.86 = 11.27\%;$$

$$w_y(N) = w_r(N) \times 0.86 = 0.80\% \times 0.86 = 0.69\%;$$

$$w_y(S) = w_r(S) \times 0.86 = 0.58\% \times 0.86 = 0.5\%。$$

此烟煤的应用基组成为:

$w_y(C)$	$w_y(H)$	$w_y(O)$	$w_y(N)$	$w_y(S)$	$w_y(A)$	$w_y(W)$
69.38%	4.17%	11.27%	0.69%	0.50%	10.57%	3.20%

4.1.2 燃料的热值(发热量)

4.1.2.1 热值的定义

单位质量或体积的燃料完全燃烧,燃烧产物冷却到参加燃烧反应物质的起始温度(室温)时所放出的热量,称为热值,以 Q 表示。热值分为高位热值(Q_{GW})和低位热值(Q_{DW})。高位热值是指燃烧产物中的水汽冷凝为 0℃ 的液态水;低位热值是指燃烧产物中的水汽冷凝为 20℃ 的水蒸气。其热焓之差为 2500 kJ/kg。

根据反应式 $H_2+\frac{1}{2}O_2 = H_2O$，1 kg 燃料共计含水量为($w_y(W)/100+9w_y(H)/100$)kg

1 kg 燃料高、低位热值之差(kJ/kg)为：

$$Q_{GW}^{y}-Q_{DW}^{y}=25(w_y(W)+9w_y(H)) \quad (4\text{-}2)$$

$$Q_{GW}^{f}-Q_{DW}^{f}=25(w_f(W)+9w_f(H)) \quad (4\text{-}3)$$

$$Q_{GW}^{r}-Q_{DW}^{r}=225w_r(H) \quad (4\text{-}4)$$

考虑其他可燃成分为：

$$H_2S+\frac{3}{2}O_2=SO_2+H_2O$$

$$C_nH_m+(n+m/4)O_2=nCO_2+\frac{m}{2}H_2O$$

$$Q_{GW}^{w}-Q_{DW}^{w}=20.1(w_W(H_2)+w_W(H_2S)+\frac{m}{2}w_W(C_nH_m)+w_W(H_2O))$$

4.1.2.2　热值计算

$$Q=\sum x_iQ_i$$

式中　Q_i——可燃组分热值；

x_i——组分含量。

［例 4-3］　发生炉煤气的干组成如下：

$\varphi_d(CO_2)$	$\varphi_d(CO)$	$\varphi_d(H_2)$	$\varphi_d(O_2)$	$\varphi_d(CH_4)$	$\varphi_d(H_2S)$	$\varphi_d(N_2)$
5.5%	28.0%	13.4%	0.4%	0.5%	0.2%	52.0%

水分含量 $w_W(H_2O)=3.13\%$。试计算该煤气以湿组成表示的低位热值。

解　将干组成换算为湿组成，其换算系数为：

$(100-w_W(H_2O))/100=(100-3.13)/100=0.969$，

$\varphi_W(CO_2)=5.5\%\times0.969=5.33\%$；

$\varphi_W(CO)=28\%\times0.969=27.13\%$；

$\varphi_W(H_2)=13.4\%\times0.969=12.98\%$；

$\varphi_W(O_2)=0.4\%\times0.969=0.39\%$；

$\varphi_W(CH_4)=0.5\%\times0.969=0.48\%$；

$\varphi_W(H_2S)=0.2\%\times0.969=0.19\%$；

$\varphi_W(N_2)=52\%\times0.969=50.39\%$。

$Q_{DW}^{w}=0.2713\times12648+0.1298\times10806\times0.0048\times35960+0.0019\times23170$

$=5051\ (kJ/m^3)$

4.1.3 各类燃料

4.1.3.1 气体燃料

天然气,高炉煤气,焦炉煤气,发生炉煤气。气体燃料有

(1) 天然气:主要成分为可燃烃类,其中以甲烷为主。液化石油气是石油开采的副产品,主要成分为丙烷 C_3H_8 和丁烷 C_4H_{10},特点是热值高但不含氢,燃烧速度慢。

(2) 高炉煤气:是炼铁的副产品,主要成分为 CO,热值低。

(3) 焦炉煤气:为炼焦副产品,含碳、氢化合物,热值高,燃烧速度快。

(4) 发生炉煤气:以固体燃料为原料,经气化后的人造气体。

4.1.3.2 液体燃料

液体燃料主要指石油及其加工产品,在窑炉中主要是重油。重油碳氢含量高,黏度大,其组成平均范围:

$w_r(C)$:85%~88%;$w_r(H)$:10%~13%;$w_r(N)+w_r(O)$; 0.5%~1%;$w_r(S)$:0.2%~1%。

4.1.3.3 固体燃料

天然固体燃料有煤,如泥煤、褐煤、烟煤、无烟煤。

4.2 燃烧计算

4.2.1 气体燃料燃烧计算

4.2.1.1 气体燃料完全燃烧所需空气量的计算

燃烧计算主要包括:一定量燃料所需空气量、生成烟气量及燃烧温度等计算。

当燃烧 1 m^3 煤气时,所需标准立方米氧的总体积为:

$$\left[\frac{1}{2}\varphi(CO)+\frac{1}{2}\varphi(H_2)+2\varphi(CH_4)+(n+m/4)\varphi(C_nH_m)+\frac{3}{2}\varphi(H_2S)-\varphi(O_2)\right]$$

由于空气中的氧占 21%,所需空气体积为所需氧体积的 100/21 = 4.762 倍,则1 m^3 煤气完全燃烧理论计算所需的空气量(L_0)可表示为:

$$L_0=4.762\left[\frac{1}{2}\varphi(CO)+\frac{1}{2}\varphi(H_2)+2\varphi(CH_4)+(n+m/4)\varphi(C_nH_m)+\frac{3}{2}\varphi(H_2S)-\varphi(O_2)\right]$$

实际燃烧空气量(L_a)应大于理论空气量(L_0)

$$L_a=\alpha\times4.762\left[\frac{1}{2}\varphi(CO)+\frac{1}{2}\varphi(H_2)+2\varphi(CH_4)+(n+m/4)\varphi(C_nH_m)+\right.$$

$$\frac{3}{2}\varphi(H_2S)-\varphi(O_2)\Big]$$

空气过剩系数 $\alpha=L_a/L_0$，与燃料种类有关，气体燃料：$\alpha=1.05\sim1.15$；液体燃料：$\alpha=1.15\sim1.25$；块状固体燃料 $\alpha=1.3\sim1.7$；煤粉燃料：$\alpha=1.1\sim1.3$。

这与不同燃料和空气之间混合与接触的充分程度密切相关。

4.2.1.2　气体燃料完全燃烧生成烟气量的计算

$$V_0=[\varphi(CO)+\varphi(H_2)+3\varphi(CH_4)+(n+m/2)\varphi(C_nH_m)+2\varphi(H_2S)+\varphi(CO_2)+\varphi(H_2O)+\varphi(N_2)]+0.79L_0$$

1 标准立方米煤气完全燃烧后生成的实际标准立方米烟气量 V_a 应为

$$V_a=V_o+(\alpha-1)\ L_0$$

4.2.1.3　燃烧产物组成计算

已知烟气中每种组分的体积和烟气总体积，即可求出各组分的体积分数

$\varphi(CO_2)=[V(CO)+V(CH_4)+V(nC_nH_m)+V(CO_2)]/V_a\times100\%$；

$\varphi(H_2O)=[V(H_2)+2V(CH_4)+\frac{m}{2}V(C_nH_m)+V(H_2S)+V(H_2O)]V_a\times100\%$；

$\varphi(SO_2)=V(H_2S)V_a\times100\%$；

$\varphi(N_2)=[V(N_2)+79L_a]V_a\times100\%$；

$\varphi(O_2)=21(\alpha-1)L_0/V_a\times100\%$。

4.2.1.4　燃烧产物密度 ρ 的计算

燃烧产物密度 $\rho=[44\varphi(CO_2)+18\varphi(H_2O)+64\varphi(SO_2)+32\varphi(O_2)+28\varphi(N_2)]/(22.4)\ (kg/m^3)$

[例 4-4]　已知发生炉煤气组成如下：

$\varphi_W(CO)$	$\varphi_W(H_2)$	$\varphi_W(CH_4)$	$\varphi_W(C_2H_4)$	$\varphi_W(CO_2)$	$\varphi_W(O_2)$	$\varphi_W(N_2)$	$\varphi_W(H_2O)$
29.0%	15.0%	3.0%	0.6%	7.5%	0.2%	42.0%	2.7%

空气过剩系数 α 为 1.2，求该煤气完全燃烧所需空气量、生成烟气量、烟气组成以及标准状态烟气的密度。

解　该煤气完全燃烧所需的理论空气量为

$$L_0=4.762\left[\frac{1}{2}\varphi_W(CO)+\frac{1}{2}\varphi_W(H_2)+2\varphi_W(CH_4)+3\varphi_W(C_2H_4)-\varphi_W(O_2)\right]$$

$$=4.762[0.5\times29\%+0.5\times15\%+2\times3\%+3\times0.6\%-0.2\%]=1.41\ (m^3/m^3)。$$

所需实际空气量：$L_a=\alpha L_0=1.2\times1.41=1.69\ (m^3/m^3)$。

该煤气完全燃烧所生成的理论烟气量为

$V_0=[\varphi_W(CO)+\varphi_W(H_2)+3\varphi_W(CH_4)+4\varphi_W(C_2H_4)+\varphi_W(CO_2)+$
$\varphi_W(H_2O)+\varphi_W(N_2)]+0.79L_0=(29\%+15\%+3\times3.0\%+$
$4\times0.6\%+7.5\%+2.7\%+42.0\%)+0.79\times1.41=2.19\ (m^3/m^3)$

所生成的实际烟气量为

$$V_a=V_o+(\alpha-1)L_0=2.19+(1.2-1)\times1.41=2.47\ (m^3/m^3)$$

烟气组成：$\varphi(CO_2)=[V(CO)+V(CH_4)+2V(C_2H_4)+V(CO_2)]/V_a\times100\%$
$=(29\%+3.0\%+2\times0.6\%+7.5\%)/2.47\times100\%=16.48\%$；

$\varphi(H_2O)=(H_2+2CH_4+2C_2H_4+H_2O)/100V_a\times100\%$
$=(15.0+2\times3.0+2\times0.6+2.7)/2.47\times100\%=10.08\%$；

$\varphi(N_2)=(N_2+79L_a)/100V_a\times100\%=(42+79\times1.69)/2.47\times100\%$
$=71.06\%$；

$\varphi(O_2)=21(\alpha-1)L_0/100V_a\times100\%=21\times(1.2-1)\times$
$1.41/2.47\times100\%=2.40\%$。

标准状态烟气密度为

$\rho=[44\varphi(CO_2)+18\varphi(H_2O)+32\varphi(O_2)+28\varphi(N_2)]/22.4$
$=[44\times16.48\%+18\times10.08\%+32\times2.4\%+28\times71.06\%]/22.4$
$=1.33\ (kg/m^3)$。

4.2.2 固体(液体)燃料燃烧计算

为方便计算，先取 100 kg 燃料，以应用基表示其组成，并把各组分的质量换算成千摩尔数(kmol)：$x(C)/12$，$x(H)/2$，$x(O)/32$，$x(N)/28$，$x(S)/32$，$x(W)/18$。

1 kg 燃料完全燃烧所需的理论空气量 L_0：

$L_0=4.762\times x(C)/12+x(H)/4+x(S)/32-x(O)/32\times22.4/100$
$=0.0889x(C)+0.2666x(H)+0.0333x(S)-0.0333x(O)$

固体燃料完全燃烧生成烟气量的计算：

$V(CO_2)=x(C)/12\times22.4/100$

$V(H_2O)=(x(H)/2+x(W)/18)\times22.4/100$

$V(SO_2)=x(S)/32\times22.4/100$

$V(N_2)=x(N)/28\times22.4/100+0.79L_0$

$V(O_2)=0.21(\alpha-1)L_0$

$V_0=V(CO_2)+V(H_2O)+V(SO_2)+V(N_2)$

$=[x(C)/12+x(H)/2+x(W)/18+x(S)/32+x(N)/28]\times 22.4/100+0.79L_0$

$=0.0889x(C)+0.3226x(H)+0.0124x(W)+0.0333x(S)+0.008x(N)-0.0263x(O)$

1 kg 固体燃料完全燃烧所生成的实际标准状态烟气量 V_a：

$$V_a=V_o+(\alpha-1)L_0$$

［**例 4-5**］　已知烟煤组成如下：

$w(C)$	$w(H)$	$w(O)$	$w(N)$	$w(S)$	$w(W)$	$w(A)$
69.54%	4.18%	11.29%	0.69%	0.5%	3.2%	10.59%

空气过剩系数 α 为 1.3，计算烟煤完全燃烧所需的空气量、生成的烟气量及烟气组成。

解　1 kg 燃料完全燃烧所需的理论空气量 L_0：

$L_0=0.0889w(C)+0.2666w(H)+0.0333w(S)-0.0333w(O)$

$=0.0889\times 69.54\%+0.2666\times 4.18\%+0.0333\times 0.5\%-0.0333\times 11.29\%=6.94\ (m^3/kg)$

所需实际标准状态空气量为：$L_a=L_0\alpha=6.94\times 1.3=9.02\ (m^3/kg)$

烟气量计算：

$V(CO_2)=w(C)/12\times 22.4/100=69.54/12\times 22.4/100=1.30\ (m^3/kg)$；

$V(H_2O)=[w(H)/2+w(W)/18]\times 22.4/100$

$=(4.18/2+3.20/18)\times 22.4/100=0.51\ (m^3/kg)$；

$V(SO_2)=w(S)/32\times 22.4/100=0.5/32\times 22.4/100=0.004\ (m^3/kg)$；

$V(N_2)=w(N)/28\times 22.4/100+0.79L_0$

$=0.69/28\times 22.4/100+0.79\times 9.02=7.13\ (m^3/kg)$；

$V(O_2)=0.21(\alpha-1)L_0=0.21(1.3-1)\times 6.94=0.44\ (m^3/kg)$；

$V_a=V(CO_2)+V(H_2O)+V(SO_2)+V(N_2)+V(O_2)$

$=1.30+0.51+0.004+7.13+0.44=9.38\ (m^3/kg)$。

烟气组成：

$w(CO_2)=V(CO_2)/V_a=1.30/9.38\times 100\%=13.86\%$；

$w(H_2O)=V(H_2O)/V_a=0.51/9.38\times 100\%=5.44\%$；

$w(SO_2)=V(SO_2)/V_a=0.004/9.38\times 100\%=0.04\%$；

$w(N_2)=V(N_2)/V_a=7.13/9.38\times 100\%=76.01\%$；

$w(O_2)=V(O_2)/V_a=0.44/9.38\times 100\%=4.69\%$。

［**例 4-6**］　某倒焰窑所用煤的应用基组成为：

$\varphi(C)$	$\varphi(H)$	$\varphi(O)$	$\varphi(N)$	$\varphi(S)$	$\varphi(W)$	$\varphi(A)$
72%	6.0%	4.8%	1.4%	0.3%	3.6%	11.9%

其干烟气组成为 $\varphi(CO_2)$:13.6%;$\varphi(O_2)$:5.0%;$\varphi(N_2)$:81.4%;灰渣分析结果含碳17%,灰分83%。计算每千克煤燃烧所需空气量和烟气生产量。

解 由于灰渣中含有碳,说明没有完全燃烧,故只能采用碳平衡确定烟气量,采用氮平衡确定空气量。

(1) 烟气量 根据碳平衡:煤中碳含量=烟气中碳含量+灰渣中碳含量

基准:100 kg 煤;煤中碳含量为 72 kg,灰渣中碳含量为 11.9×17/83=2.44(kg);

设100 kg煤生成标准状态干烟气量为 x(m^3),

根据碳平衡方程并得到 x 值为:

$$72=13.6x/100\times(12/22.4)+2.44;$$

$$x=955\ m^3$$

生成标准状态水蒸气量= (6/2 + 3.6/18)×22.4=71.7(m^3)

每千克煤燃烧生成的标准状态湿烟气量为

$$V_a=(995+71.7)/100=10.27\ (m^3/kg)$$

(2) 空气量 根据氮平衡:空气中氮含量+煤中的氮含量=烟气中氮含量

基准:100 kg 煤; 煤中氮含量:1.4/28×22.4=1.12 m^3;

空气中含氮量:设100 kg煤燃烧所需标准状态空气量为 y(m^3),则空气中标准状态氮量为0.79y(m^3)

烟气中含氮量 $0.814x=0.814\times955=777$($m^3$)

$777=1.12+0.79y$;

$y=982\ m^3$,每千克煤燃烧所需空气量为9.82 (m^3/kg)。

4.2.3 空气过剩系数计算

烟气中的 CO_2、SO_2 可用 R_2O 表示,故 $\varphi(R_2O)+\varphi(O_2)+\varphi(N_2)=1$。

4.2.3.1 燃料完全燃烧,燃料中 N_2 量不计

$$\alpha=L_a/L_o=L_a/(L_a-\Delta L)=1/[1-(\Delta L/L_a)]$$

式中 ΔL——过剩空气量,m^3。

当完全燃烧时,过剩空气量由烟气中氧含量 $L(O_2)$ 来确定,$L(O_2)=0.21\Delta L=V_a(\varphi(O_2))$; $\Delta L=V_a(\varphi(O_2)/0.21)$。

不考虑燃料中的 N_2,实际空气量可由烟气中 N_2 含量 $L(N_2)$ 来确定,$L(N_2)=0.79L_a=V_a(\varphi(N_2))$; $L_a=V_a(\varphi(N_2)/0.79)$。

所以 $\alpha = 1/\{1-[V_a(\varphi(O_2)/21)]/[V_a(\varphi(N_2)/79)]\}$

$=1/[1-3.762\varphi(O_2)/\varphi(N_2)]$

或　$\alpha=1/\{1-3.762\varphi(O_2)/[100-(\varphi(R_2O)+\varphi(O_2))]\}$

4.2.3.2　燃料不完全燃烧，燃料中 N_2 量不计

燃料不完全燃烧，烟气中出现 CO、H_2、CH_4 等，仍需要氧气，如 CO 燃烧所需 $\frac{1}{2}$CO 体积的氧。此时空气过剩系数为

$$\alpha=1/\{1-3.762\Big[\varphi(O_2)-\frac{1}{2}\varphi(CO)-\frac{1}{2}\varphi(H_2)-(n+m/4)\varphi(C_nH_m)\Big]/\varphi(N_2)\}$$

4.2.3.3　燃料完全燃烧，且考虑燃料中 N_2 量带入

燃料完全燃烧，$\alpha = 1/[1-3.762\varphi(O_2)/\varphi(N_2)] = \varphi(N_2)/[\varphi(N_2)-3.762\varphi(O_2)]$；

燃料中 $\varphi(N_2)$量带入，$\alpha=(\varphi(N_2)-\varphi_f(N_2))/[(\varphi(N_2)-\varphi_f(N_2))-3.762\varphi(O_2)]$；

式中　$\varphi_f(N_2)$——燃料中带入的 $\varphi(N_2)$量。

[例 4-7]　隧道窑以发生炉煤气为燃料，其组成为：

$\varphi(CO_2)$	$\varphi(CO)$	$\varphi(H_2)$	$\varphi(CH_4)$	$\varphi(C_2H_4)$	$\varphi(O_2)$	$\varphi(N_2)$
5.6%	28.5%	15.5%	2.1%	0.2%	0.5%	47.6%

在烧成带处取烟气进行分析，其干烟气组成为：$\varphi(CO_2)$:17.6%；$\varphi(O_2)$:2.6%；$\varphi(N_2)$:79.8%。

试计算空气过剩系数 α。

解　由于燃料中含氮量高，故不能忽略。

标准状态下 100 m^3 干烟气所需燃料体积为 V_f，可运用碳平衡原理计算：

烟气中二氧化碳的体积 $V(CO_2)=V_f\times(\varphi(CO_2)+\varphi(CO)+\varphi(CH_4)+2\varphi(C_2H_4))$

$17.6=V_f\times(5.6\%+28.5\%+2.1\%+2\times0.2\%)$

解得：

$V_f=48.1\ m^3$

该煤气中所含 N_2 的体积为：

$V_f(N_2)=48.1\times47.6\%=22.90\ m^3$

空气过剩系数 α

$$\alpha = \varphi(N_2 - N_f)/[\varphi(N_2 - N_f) - 3.762\varphi(O_2)]$$
$$= (79.8\% - 22.9)/[(79.8\% - 22.9) - 3.762 \times 2.6\%] = 1.21$$

综上所述,空气过剩系数是一个非常重要的工程物理参数,对燃料燃烧是否充分、烟气成分调控以及大气污染控制均有直接和间接的作用。

习题与思考题

4-1 工业用燃料有哪几种,各具有什么特性,各种燃料分别适用于什么样的窑炉?

4-2 燃料的高位热值与低位热值的区别是什么,固(液)体燃料和气体燃料的高、低位热值之间如何换算?

4-3 高炉、焦炉混合煤气的温度为28 ℃,煤气干基组成如下:

组成(体积分数,%)	$\varphi(CO)$	$\varphi(CH_4)$	$\varphi(H_2)$	$\varphi(C_2H_4)$	$\varphi(O_2)$	$\varphi(CO_2)$	$\varphi(N_2)$
高炉煤气	26.2	0.6	3.0	—	0.3	13.9	56.0
焦炉煤气	9.0	25.4	57.9	2.9	0.4	3.1	1.3

混合煤气热值为7845 kJ/m^3,试求两种煤气各占的比例和混合煤气的湿基组成。

4-4 某窑炉用发生炉煤气干基组成为:

组成(体积分数,%)	$\varphi(CO)$	$\varphi(H_2)$	$\varphi(CH_4)$	$\varphi(C_2H_4)$	$\varphi(CO_2)$	$\varphi(O_2)$	$\varphi(N_2)$
	20.08	21.0	8.45	0.96	10.99	0.3	38.22

水分含量为2.3%。每小时燃料消耗量为2389 m^3/h,空气过剩系数为1.16。

计算该窑炉每小时消耗空气量、生成烟气量,烟气组成及密度,当窑炉高温系数 $\eta = 0.8$ 时,计算实际燃烧温度。若实际燃烧温度提高至1450℃,空气应预热至多少温度?

4-5 天然气干基组成如下:

组成(体积分数,%)	$\varphi(CH_4)$	$\varphi(C_2H_6)$	$\varphi(C_3H_8)$	$\varphi(C_4H_{10})$	$\psi(CO_2)$	$\psi(N_2)$
	94.67	1.88	1.15	0.2	0.15	1.95

水分含量为0.8%,空气过剩系数为1.15。

计算该煤气的低位热值,并计算标准状态下1 m^{3}天然气完全燃烧所需要的空气量、生成烟气量、烟气组成及烟气密度?

4-6 已知烟煤的可燃基组成为:

组成(质量分数,%)	$w(C)$	$w(H)$	$w(O)$	$w(N)$	$w(S)$
	82.4	6.0	9.2	1.7	0.7

$\varphi_f(W) = 3.0\%$, $\varphi_f(A) = 15\%$, $\varphi_y(W) = 5\%$, $\alpha = 1.3$。

求1 kg煤完全燃烧所需空气量、生成烟气量及烟气组成,并用经验公式计算其低位热值(长焰煤)?

5 陶瓷、耐火材料工业窑炉

本章要点：

在陶瓷、耐火材料制品的生产过程中，烧成是一道重要工序。常见的烧成设备有两大类。一类是连续加热窑，如隧道窑；另一类为间歇加热窑，如倒焰窑。

隧道窑的主要优点是产量大、燃料消耗低、热效率高以及劳动条件好，其缺点是基建投资大、热工制度不易经常调整、钢材用量以及附属设备较多，故多用于产量大、品种单一的制品。间歇窑主要包括倒焰窑、梭式窑、钟罩窑、蒸笼窑等。具有热工制度易调整、灵活性大、窑内温度分布均匀、基建投资少等特点。传统倒焰窑由于砌筑蓄热室热量大，烟气带走热量多，热效率低，单位产品燃料消耗高，且装窑出窑操作劳动强度大，因此这些窑炉常用于中小型工厂以及小批量、多品种制品的烧成。但自20世纪70年代后高级耐火材料的出现、高速烧嘴的应用以及微处理机对窑温、窑压及气氛的自动控制，使得新型间歇窑比传统间歇窑更具有高的热效率、适应性强、烧成时间短、劳动强度小等优点。本章的学习目的在于通过比较间歇窑和连续窑，深入了解和掌握硅酸盐工业窑炉的共性与个性特点，以便读者根据实际工况运用热工原理知识，培养发现和解决高温工程问题的基本技能。

5.1 隧道窑

5.1.1 分类

隧道窑有各种不同的分类方法，大致归纳为：

5.1.1.1 按烧成温度分

(1) 低温隧道窑（1000～1350℃）；

(2) 中温隧道窑（1350～1550℃）；

(3) 高温隧道窑（1550～1750℃）；

(4) 超高温隧道窑（1750～1950℃）。

5.1.1.2 按烧成品种分

(1) 耐火材料隧道窑；

(2) 陶瓷隧道窑；

(3) 红砖隧道窑。

5.1.1.3 按热源分

(1) 火焰隧道窑；

(2) 电热隧道窑。

5.1.1.4 按火焰是否进入隧道分

(1) 明焰隧道窑；

(2) 隔焰隧道窑；

(3) 半隔焰隧道窑。

5.1.1.5 按窑内运输设备分

(1) 车式隧道窑；

(2) 推板隧道窑；

(3) 辊底隧道窑；

(4) 输送带隧道窑；

(5) 步进式隧道窑；

(6) 气垫式隧道窑。

5.1.1.6 按通道多少分

(1) 单通道隧道窑；

(2) 多通道隧道窑。

5.1.2 工作系统

隧道窑因类似铁路山洞的隧道而得名，目前多采用单通道明焰车式隧道窑，图 5-1 所示为其中的一种系统图。隧道窑属于逆流操作的热工设备，即窑车上的坯体，由推车机的推动，在隧道内与气流依相反方向连续或间歇移动，并完成预热、烧成、冷却过程。因此将隧道窑沿窑长分为预热、烧成、冷却三带。

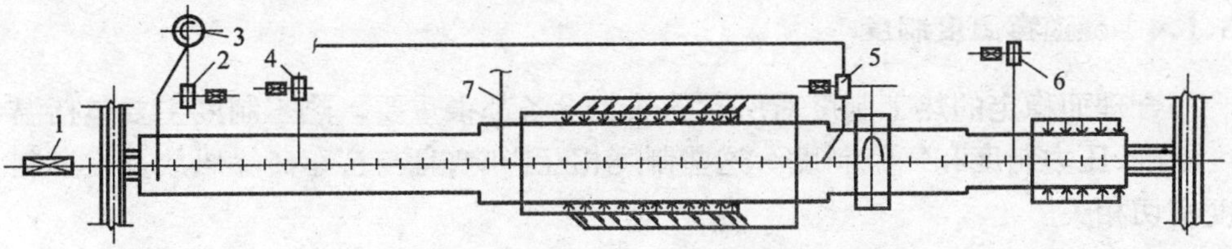

图 5-1 101.2 m×2.2 m×1.6 m 黏土砖隧道窑系统图

1—推车机；2—排烟机；3—烟囱；4—气幕风机；5—抽烟风兼一次风机；6—冷却送风机；7—燃料管

窑车进入预热带后，车上的坯体首先与来自烧成带的燃料燃烧的烟气接触，并逐渐加热；进入烧成带后，坯体借助燃料燃烧放出的大量热量，达到所要求的最高烧成温度，再经过一段时间的保温，坯体被焙烧成制品；高温烧成的制品进入冷却带，与窑尾鼓入的大量冷空气进行热交换，制品冷却后被推出窑外。

被加热的空气一部分作为助燃空气，送往烧成带，另一部分抽出供坯体干燥或气幕用。燃料在烧成带燃烧后所产生的高温烟气，沿窑内通道流入预热带，在加热坯体时本身被冷却，最后自预热带排烟口、支烟道、主烟道经排烟机、烟囱被排出。

从上述分析可以看出，制品与气流按照逆流方向运动，热量得到充分利用，因此热效率较间歇窑炉高。

5.1.3　隧道窑的规格

不同制品的隧道窑常见的规格有：

黏土砖(3 万～3.5 万 t/a)：预热带、烧成带、冷却带分别为 41.8 m、22.0 m、37.4 m。

高铝砖(3.5 万 t/a)：预热带、烧成带、冷却带分别为 72 m、24 m、60.6 m。

镁质制品(4 万～4.5 万 t/a)：预热带、烧成带、冷却带分别为 72 m、24 m、60 m。

日用瓷(7×10^6t/a)：预热带、烧成带、冷却带分别为 29.86 m、26.47 m、35.67 m。

电瓷(还原焰)(562 万 t/a)：预热带、烧成带、冷却带分别为 38.52 m、28.0 m、50.07 m。

卫生瓷(隔焰)(2×10^5 件/a)：预热带、烧成带、冷却带分别为 30 m、22 m、40 m。

釉面砖釉烧(1.8×10^5 m^2/a)：预热带、烧成带、冷却带分别为 13.47 m、6.9 m、13.51 m。

5.1.4　隧道窑温度制度

合理而稳定的热工制度对所有的热工设备都很重要。热工制度主要包括温度制度、压力制度和气氛制度。这些制度相互影响，且与窑车砖垛码放及推车制度密切相关。

温度制度是核心，对稳定产品产量和质量非常重要。其中烧成带的温度十分关键。影响温度制度的因素有两类：一类为工艺方面的，如原料、品种、配方、加工工艺各过程直至半成品的强度、水分、形状等；另一类是窑炉方面的，如结构、燃料种类及性能、空气过剩系数、燃烧室和烧嘴的结构，以及一次、二次空气的比例及预热温度等。图5-2所示为隧道窑的温度压力曲线。

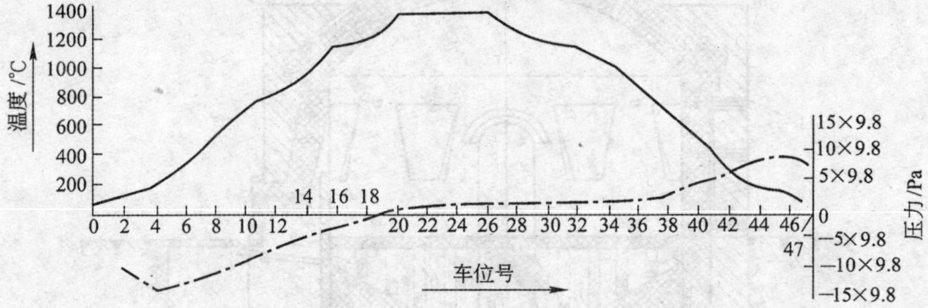

图5-2 104 m×2.2 m×1.65 m黏土砖隧道窑温度曲线及压力曲线

实践证明，沿窑车前进方向要求考虑砖垛温度的合理性，在预热至烧成带要求前部高后部低、上部高下部低、中间高两边低。造成预热带温差形成的原因有：①热气体的浮升力；②负压形成的冷热气体分层；③砖垛码放不合理；④窑车蓄热。

5.2 间歇窑

5.2.1 工作原理

倒焰窑有圆窑与方窑（或矩形窑）之分，且多以容积大小进行分类，也可以最高烧成温度或焙烧品种来分类。倒焰窑的基本结构大致相同，图5-3所示为某圆窑的结构图。其工作原理为：将煤加入燃烧室2的炉箅上，一次助燃空气由燃烧室下面的灰坑穿过炉箅，通过煤层并使之燃烧。燃烧产物自喷火口喷至窑顶，再自窑顶经过坯体倒流至窑底，经吸火孔5、支烟道6及主烟道7流向烟囱底部，最后由烟囱排出。坯体自装好至烧成出窑前一直停在窑内。因火焰在窑内倒流，故称倒焰窑。烟气流经坯体，以对流和辐射将热量传给坯体。

5.2.2 倒焰窑结构

5.2.2.1 倒焰窑容积

决定倒焰窑容积大小的是产量，同时相对单位制品的能耗也小，但是容积过大，火焰达不到窑的中心位置，导致窑温不均，废品或欠烧品增加。故根据生产规模、产品对温度均匀性的要求、劳动组织条件、投资大小来决定倒焰窑的体积。

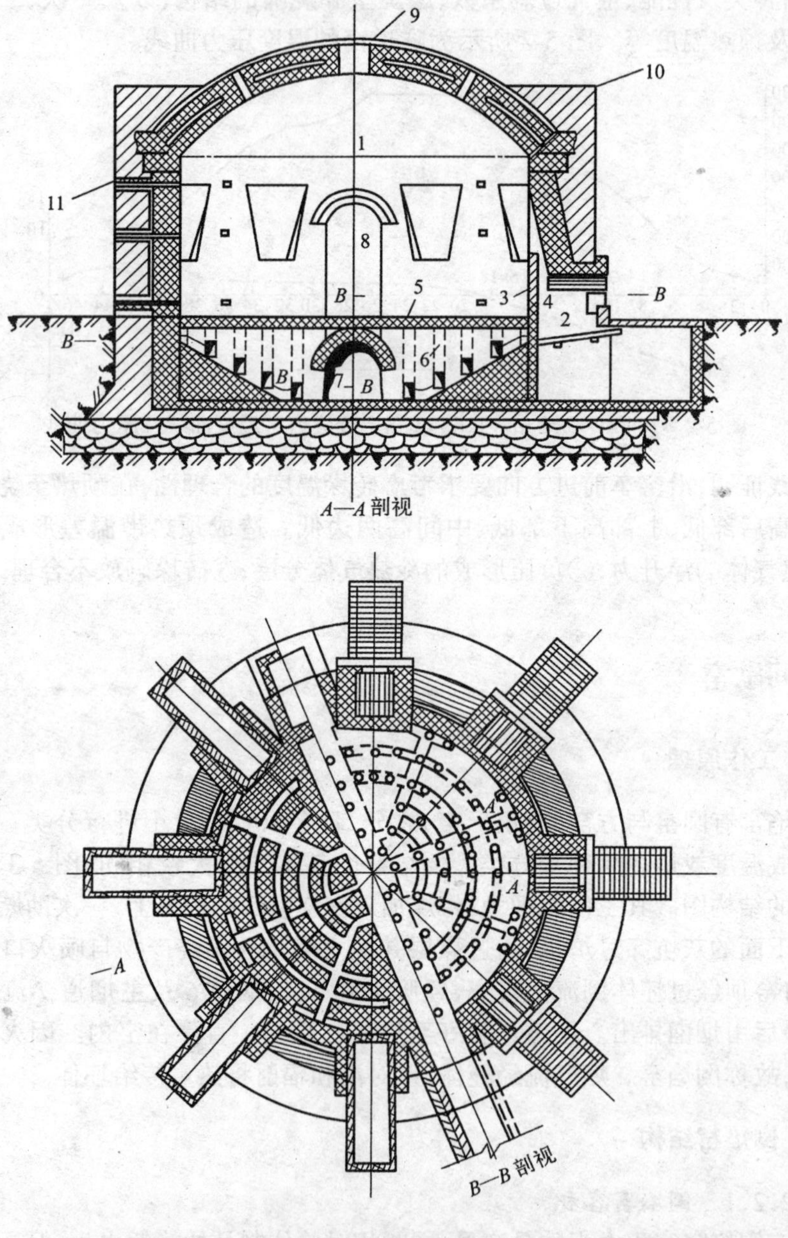

图 5-3　间歇式倒焰窑

1—窑室;2—燃烧室;3—挡火墙;4—喷火口;5—吸火孔;6—支烟道;7—主烟道;
8—窑门;9—窑孔顶;10—窑箍;11—看火孔(也可作取样孔)

窑的容积计算分成两部分，即拱顶部分与拱顶以下的窑墙部分，后者计算简单。圆窑顶部容积及其表面积可按下式计算：

$$V=(\pi/6)\cdot f\cdot[3\cdot(B/2)^2+f^2]$$

$$A=\pi\cdot[(B/2)^2+f^2]$$

式中 V——圆窑顶部容积，m^3；

A——圆窑顶部表面积，m^2；

B——窑的跨度，m；

f——窑的拱高，m。

我国倒焰窑的设计系列为 30 m^3、50 m^3、80 m^3、100 m^3、150 m^3、270 m^3 等。陶瓷用工业窑炉的容积多为 100 m^3。决定倒焰窑窑高的因素是制品在烧成过程中所允许的负荷，即高温荷重；沿窑高温度分布的均匀性；是否方便装卸制品等。由于“倒焰”使得窑内上下温差较小，故其高度可比隧道窑高些。但不能太高（考虑装卸问题和温差问题），一般耐火材料的倒焰窑窑高为 2.5～4.0 m，圆窑的拱高一般为直径的 1/6～1/4。

窑的直径是根据窑的横截面上温度均匀性来决定的。火焰由喷火口喷出后控制的距离为 3 m，烧无烟煤时控制的距离为 2 m，所以窑的直径一般为 5～8 m。

5.2.2.2 窑体结构

(1) 窑体。由窑墙与窑顶构成。设计时要考虑足够的机械强度以及蓄热和散热问题。在焙烧时砌体所蓄积的热量占总耗量的 10%～15%，往往是外表面向外界散失热量的数倍。若厚度过薄，增加散热，劣化环境条件。所以适当采用密度小、热导率低的轻质材料作中间保温层。一般窑墙的厚度为 0.8～1.2 m。

(2) 燃烧室，简称火箱。以液体燃料（重油）烧成的倒焰窑无需灰坑和炉箅；燃气倒焰窑可不设置燃烧室。以固体燃料（煤）燃烧必须皆有。高温阶段的最大燃料消耗量为平均的 1.2～1.6 倍。目前多数倒焰窑为烟煤燃料燃烧，采用阶梯炉箅或内倾 15°的梁状炉箅。由于助燃一次空气是由灰坑穿过炉箅进入燃烧室的，所以炉箅上应有一定的通风面积。

(3) 挡火墙。它的作用是使火焰具有一定的方向与流速，并防止部分煤灰污染制品。挡火墙高度要合理选择并根据生产实践调整（一般为 0.5～1 m），使得大部分火焰送到窑顶，小部分直接进入窑的下部。

(4) 喷火口。是挡火墙与燃烧室上部窑墙之间的空间。若其截面积过大，火焰喷出速度小，达不到窑顶的中心而造成上部温度低、下部温度高。反之，喷火口太小，火焰喷出阻力大，容易将燃烧室耐火砖及炉箅烧坏。合理的截面积是炉箅水平面积的 1/5～1/4。

(5) 窑门。一般1~2个,用于装卸制品。较大的窑门高、宽分别为1.8 m和0.8 m。

习题与思考题

5-1　简述隧道窑的工作原理。

5-2　何谓隧道窑的热工制度,应如何制定温度制度?

5-3　简要分析隧道窑预热带产生上下温差的主要原因及减少温差的主要措施。

5-4　高温隧道窑的主要特点有哪些?

5-5　倒焰窑由哪些基本部分组成,各部分的作用是什么,其结构尺寸应根据哪些原则确定?

5-6　试用气体垂直分流法则说明倒焰窑在加热及冷却时气体运动的方向。

6　玻璃工业窑

本章要点：

玻璃生产中所用的热工设备统称为玻璃窑炉，其中包括玻璃熔窑、退火窑和一些玻璃加工用的窑炉。本章学习的目的是掌握玻璃的熔制过程和玻璃池窑工作原理，进而了解玻璃的安全、低耗与清洁生产工艺。

6.1　玻璃的熔制过程

玻璃料的熔制是在玻璃熔窑中进行的。为了了解玻璃熔窑的结构与性能，首先要了解玻璃熔制的全过程。

6.1.1　硅酸盐形成阶段

该阶段为配合料在入窑后，经800～1000℃作用下迅速发生的一系列物理的、化学的和物理-化学变化，如粉料受热、水分蒸发、盐类分解、多晶转变等。

6.1.2　玻璃液形成阶段

配合料加热至1200 ℃，形成了各种硅酸盐以及出现熔融体。直到温度达到1300 ℃左右，玻璃液开始形成。

6.1.3　玻璃液澄清阶段

玻璃液形成阶段完成后，熔体中存在许多气泡和灰泡（小气泡）。从玻璃液中除去肉眼可见的气体夹杂物和消除气孔组织的阶段称为澄清阶段。该过程要在高温下完成，因为玻璃黏度随温度升高而迅速降低。

6.1.4　玻璃液均化阶段

玻璃液形成后，各部分玻璃液的化学成分与温度不同，还夹杂一些不均体，故而要进行均化过程。其原理主要是依靠扩散和对流作用。

6.1.5 玻璃液冷却阶段

为了利于玻璃的成形,玻璃液要均匀冷却到成形温度。一般成形温度比澄清温度低 200～300 ℃。

6.2 玻璃池窑

6.2.1 池窑的分类

6.2.1.1 按使用热源分

(1) 火焰窑。以燃料燃烧为热能来源。燃料可以是煤气、重油和水。

(2) 电热窑。以电能作为热量来源。

(3) 火焰-电热窑。以燃料为主要热源,电能为辅助热源。

6.2.1.2 按熔制过程的连续性分

(1) 间歇式窑。玻璃熔制的各个阶段系在窑内同一部位、不同时间依次进行,窑的温度制度是变动的。

(2) 连续式窑。玻璃熔制的各个阶段系在窑内同一时间、不同部位同时进行,窑内温度制度是稳定的。

6.2.1.3 按烟气余热回收设备分

(1) 蓄热式窑。按蓄热方式回收烟气余热。

(2) 换热式窑。按换热方式回收烟气余热。

6.2.1.4 按窑内火焰流动的方向分

(1) 横焰窑。窑内火焰做横向流动,与玻璃液流动方向相垂直。

(2) 马蹄焰窑。窑内火焰呈马蹄形流动。

(3) 纵焰窑。窑内火焰做纵向流动,与玻璃液流动方向相平行。

6.2.1.5 按制造的产品分

(1) 平板玻璃窑。制造平板、压延等玻璃。

(2) 日用玻璃窑。制造瓶罐、器皿、化学仪器、电真空玻璃等。

6.2.1.6 按窑的规模分

(1) 大型窑。日产玻璃液 150～400 t。

(2) 中型窑。日产玻璃液 50～150 t。

(3) 小型窑。日产玻璃液 50 t 以下。

6.2.2 玻璃熔制主要工艺制度与控制

6.2.2.1 温度制度与控制

玻璃池窑中玻璃液流动状况与温度控制,如图 6-1 所示。

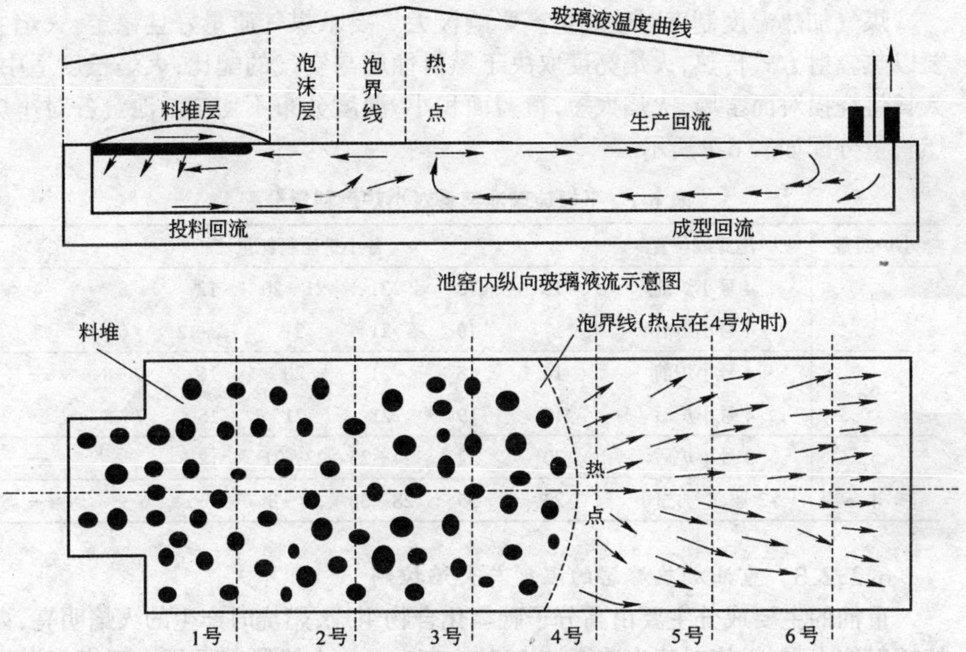

图 6-1 玻璃池窑中玻璃液流动状况

一端为投料池,一端为制品的成形,中间最高温度为热点。物料在投料机的推进过程中,料堆逐渐变成泡沫层,在热点之前形成泡界线。在泡界线与料堆之间,随着温度升高,粉状配合料逐渐被熔化,为硅酸盐形成与玻璃液形成阶段。因此在玻璃液上面漂浮了一层轻质气泡。

而经热点 4 号(如图 6-1 所示)小炉后,温度继续升高,进入玻璃液的澄清均化阶段后,该层泡沫消失,泡界线因此得称。热点温度依据玻璃组成、耐火材料池窑寿命而定。

钠钙硅玻璃热点温度为 1580℃。扇形温度制度为(1~6 号小炉)1440℃、1480℃、1535℃、1570℃、1550℃、1515℃。

在冷却部,玻璃液的降温速度应该缓慢而平稳,防止温度回升引入二次气泡,冷却部降温梯度为 7~11℃/m。为获得合理的温度制度,设计时最后一对小炉不开火或者开小火。

测温方法，目前常用的是热电偶、辐射高温计和光学高温计。在熔化部，热电偶 WRLL 插入窑内 10 cm，分别在 1 号、2 号，3 号、4 号，5 号、6 号之间。光学高温计在看火孔进行，0.5 h 一次。浮法窑上安装 LB 铂铑-铂热电偶。

6.2.2.2　燃料加热温度与火焰控制

煤气加热温度制度对玻璃生产影响极大。要求煤气质量好且稳定，火焰主要以热辐射方式传热，火焰亮度取决于燃料性质与空气的配比；火焰长度适中，太长将烧损对面窑墙，火焰太短，覆盖面积小，温度分布不均匀。池窑各对小炉燃料量分配如表 6-1 所示。

表 6-1　平板玻璃池窑各对小炉燃料量分配

小炉对数	泡界线位置	各小炉燃料耗量/%						
7	4 号小炉前	16	18	21	21～20	12	8	4
	4 号小炉后	17	19	21	21	13～12	6	3
6	4 号小炉前	16	18	21	20	16	9～8	—
	4 号小炉后	17	19	21	21	15	7～8	—
5	3 号小炉后	20	22	24～25	22～21	12	—	—
4	2 号、3 号之间	23	35	28～30	14～8	—	—	—

6.2.2.3　重油加热熔窑的温度与火焰控制

重油的主要成分主要由高分子碳氢化合物组成，燃烧时产生的火焰明亮，火焰辐射能力强，燃烧时喷出速度达 300～400 m/s，火焰覆盖面积小于煤气燃烧覆盖面积。

若雾化不好，与空气混合不充分，燃烧不完全，烟囱就会冒黑烟。火焰方向控制适当，火焰稍向液面倾斜，倾角为 5°～8°，以稍微达胸墙为宜。

6.2.3　玻璃池窑主要结构

根据我国目前能源情况，基本上采用火焰池窑。其结构主要包括如下 4 部分：玻璃熔制；热源供给；余热回收；供气排烟。

6.2.3.1　玻璃熔制部分

(1) 熔化部。它是进行配合料熔化和玻璃液的澄清与均化的部分。熔化部上部为火焰空间，下部为窑池。火焰主要由小炉燃烧口喷出。

(2) 投料口。配合料从投料口投入窑内，受火焰空间和玻璃液来传递热量。

(3) 冷却部。它是熔化好的玻璃液进一步均化和冷却的部位，也是玻璃液分配供料的通道。

6.2.3.2 热源供给部分

(1) 空气、煤气通道。是经加热的空气、煤气离开蓄热室后，在进入预燃室混合之前流过的通道。也是烟气从火焰空间排至蓄热室所经过的通道。

(2) 预燃室。指空气、煤气出水平通道后，借助气流涡动、分子扩散与相互撞击，在入窑前预先进行部分混合。

(3) 喷火口。指喷出火焰的地方。喷火口形状、大小与长短对火焰的速度、厚度、阔度与方向有很大的影响。燃油小炉较为简单，仅使用喷嘴。

6.2.3.3 余热回收部分

为了提高窑内火焰温度，设置烟气余热回收设备，利用烟气余热来加热助燃空气和烟气，进而达到提高火焰温度和节能的效果。

6.2.3.4 供气排烟部分

为保证池窑连续、正常和有效的工作，设置一套排烟供气系统。包括交换器，空气、烟气烟道，中间烟道，鼓风机，总烟道和烟囱。

习题与思考题

6-1 玻璃池窑的工作原理是什么，池窑由哪几部分构成，每个组成部分的作用及结构特点各是什么？

6-2 玻璃池窑有哪些分类方法，分别分为哪几种？

6-3 玻璃池窑内火焰空间及玻璃液内热交换的特点各是什么，影响热交换因素有哪些？

6-4 玻璃的熔制过程分为哪几个主要阶段？

6-5 池窑内玻璃液流动的主要原因是什么，影响玻璃流动的因素有哪些？

7 水泥工业窑

本章要点：

硅酸盐工业中的各种原料，如白云石，铝矾土，黏土以及冶金石灰石的煅烧，主要在立(竖)窑和回转窑中进行。本章学习的目的在于了解硅酸盐水泥生产的工业窑炉基本结构、过程特点和工作原理，为进一步对水泥传统工业窑炉进行技术改造(节能降耗，生态环保)奠定基础。

7.1 概述

7.1.1 分类

7.1.1.1 按水泥煅烧熟料窑的结构分类

(1) 立窑，普通立窑和机械立窑。

(2) 回转窑，湿法、干法和半干法回转窑。

7.1.1.2 按水泥生料的制备方法分类

(1) 湿法。原料加水粉磨成生料浆(含水33%～40%)后喂入湿法回转窑煅烧成熟料(将生料脱水制成生料块入窑煅烧，称为半湿法)。

(2) 干法。原料烘干、粉磨，喂入干法窑内煅烧成熟料(或生料粉加入适量水分，喂入窑中，称为半干法)。

7.1.2 生产方法的特点

7.1.2.1 立窑

优点是(1)基本建设投资小、投入生产快。

(2) 立窑内填充系数高，单位体积产量高。

(3) 就地取材，充分利用当地资源，一些工业废渣可作原燃料。

(4) 传热效率高，散热损失小，约占总热耗3%(回转窑为15%)。

它的缺点是生产规模小，劳动生产率低、强度大；单机产量低，质量(熟料)低。

7.1.2.2 回转窑

热耗较高,生料易于均化,成分均匀,熟料质量较高,并且输送方便,粉尘少。

我国确定南方以湿法生产为主,北方以干法为主。目前作为新型技术,悬浮预热器和窑外分解是我国竞相发展的窑型。

7.2 回转窑

回转窑属于可以旋转的窑炉(如图 7-1 所示),最早用于煅烧水泥熟料,目前也用于耐火材料和冶金工业。

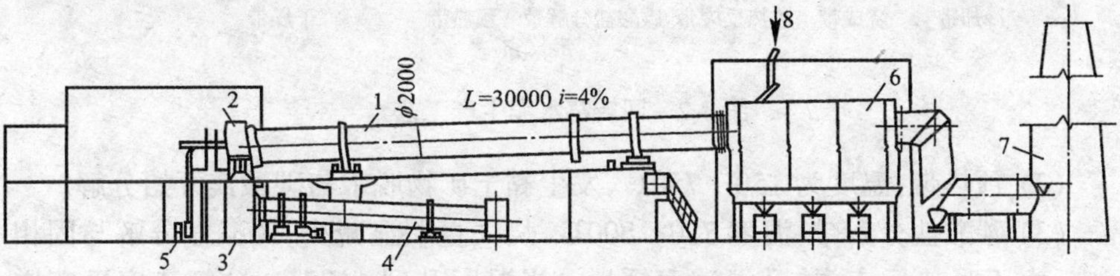

图 7-1 ϕ2 m×30 m 回转窑系统

1—回转窑窑体;2—窑头小车;3—热烟室;4—冷却筒;
5—窑头鼓风机;6—集尘室;7—烟囱;8—进料口

回转窑的窑体与水平呈一定角度,由电动机通过减速器由大齿轮带动旋转。燃料及助燃用的一次空气通过伸进窑头小车的烧嘴送入窑内,助燃用的二次空气从冷却筒进入并预热后经热烟室入窑。燃烧产物流经窑体、集尘室、除尘器,用排烟机送至烟囱排入大气。原料经窑尾加料管入窑,利用倾斜窑体的转动,使得物料向前运动,与燃烧产物相遇而加热烧成,再从窑头落入冷却筒。冷却筒内物料的运动也是借助于筒体的倾斜和旋转进行的。

对硅酸盐水泥的湿法回转窑而言,生料在回转窑中经高温煅烧发生一系列物理的、化学的和物理－化学的变化,最后形成熟料。湿法回转窑主要用于煅烧含水 30%～40%的料浆。

图 7-2 所示为一台 ϕ5/4.5 m×135 m 湿法回转窑熟料煅烧生产工艺。燃料与空气由窑头喷入,和二次空气一起进行燃烧,火焰温度高达 1650～1700℃。燃烧烟气在向窑尾运动过程中,将热量传递给物料,温度逐渐降低,最后由窑尾排出。料浆由窑尾喂入,温度逐渐升高,并进行一系列反应,烧成熟料由窑头卸出,进入冷却机。湿法回转窑分为如下 6 个带:

(1) 干燥带:温度为 150℃左右,是自由水的蒸发过程。

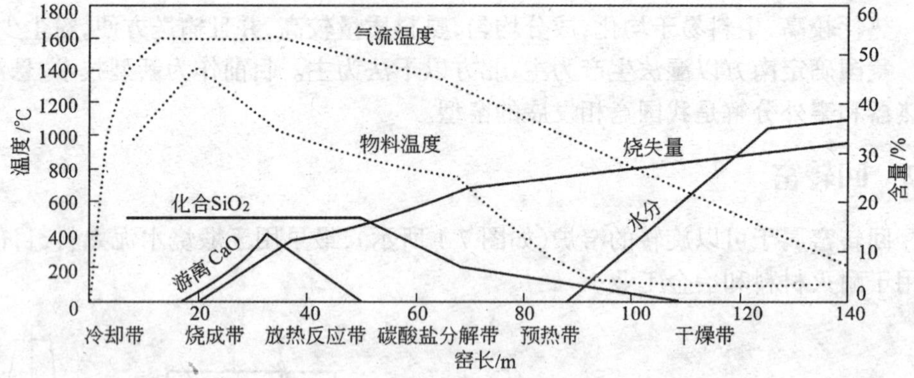

图 7-2　回转窑水泥生产工艺

(2) 预热带：温度为 150～750℃，发生黏土矿物脱水与碳酸镁开始分解。

(3) 碳酸盐分解带：温度 750～800℃，烧失量明显减少，碳酸盐分解与固相反应，由于吸热反应，故升温速率缓慢。当温度升到 1100℃，分解速率迅速增加。游离氧化钙达到最大值。

(4) 放热反应带：固相反应释放大量热量，物料上升了 300℃，在 1250～1300℃，氧化钙射出光辉，使得分解带物料黑暗，又称“黑影”。

(5) 烧成带：温度 1250～1450～1250℃。在 1250～1280℃开始出现液相，在 1450℃，液相量增加，游离氧化钙吸收，水泥熟料化合物形成。

(6) 冷却带：熟料继续向前运动，与温度较低的二次空气相遇，熟料温度下降。

7.3　立窑

7.3.1　概述

立窑是一种竖式固定床熟料煅烧设备。在立窑中，含煤生料球从窑顶喂入窑内，料球自上而下运动，空气自下而上运动。其物理化学变化与回转窑大致相同。立窑自上而下分为三带：预热带、高温烧成带和冷却带。在预热带，热气流向料球表面传热，表面水蒸发，热量向料球内部进行传递，内部水分向外扩散；在高温烧成带，料球表面的煤粒达到燃点，与氧气反应燃烧；在冷却带，煅烧好的物料与鼓入的冷空气进行热交换，本身被冷却，而空气也被加热进入煅烧带作助燃空气。为保证物料在各煅烧过程的充分进行，三带之间应分别维持一定高度，并力求稳定，如图 7-3 所示。

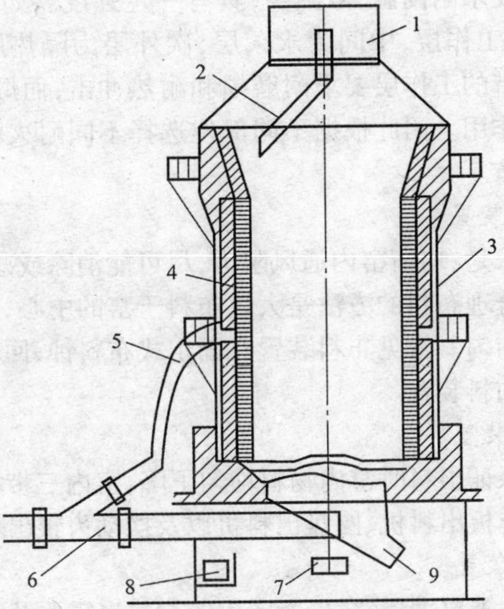

图 7-3 机械化水泥立窑系统

1—烟囱；2—撒料溜子；3—窑体；4—耐火砖；5—腰风管；
6—底风管；7—传送装置；8—电动机；9—密封卸料

7.3.2 立窑结构

7.3.2.1 立窑形状

窑体形状对物料在窑内的运动和气流在窑内的分布具有重要意义。常见立窑形状有：直筒形立窑，喇叭形立窑（图 7-3），哑铃形立窑，矩形截面立窑。

7.3.2.2 内径与高度

立窑的内径由煅烧产物性质、温度、操作灵活程度等因素来确定。内径越大，越难以在全窑截面上保持通风及燃烧均匀。一般煅烧白云石的立窑，内径为 1.6～2.5 m，石灰石的立窑内径为 2.4～4.0 m，水泥立窑内径小于 2.5 m。

立窑高度取决于物料在窑内预热、煅烧和冷却时间，以立窑的高径比 $K_L = H/D$ 来表征。

水泥立窑的高径比为 3～4，对于温度高（1650℃）煅烧白云石的立窑，其高径比为 6～7.6，高温立窑高径比在 10 以上。

7.3.2.3　立窑内衬

立窑内衬材料要求耐高温，散热少，具有一定强度。如图 7-3 所示，立窑内衬分 3 层，最里层为工作层，中间为永久层，次外层为隔热层，最外层为壳体钢板。预热带和冷却带的工作层要求耐磨损和耐热冲击，而煅烧带工作层还要求抗高温的气体腐蚀作用。因此根据不同部位选择不同耐火材料，这是延长内衬使用寿命的重要环节。

7.3.2.4　布料装置

布料的基本要求是：均衡窑内通风阻力，尽可能消除或减少靠近窑壁孔处孔隙率过大的现象。合理布料的方法是大块布料于窑的中心，中小块布于四周，以使风量沿截面保持均匀。常见布料装置有固定式布料钟、回转式分级布料器、升降式布料器和机械加料装置。

7.3.2.5　出料装置

要求出料装置保证出料时窑内物料均匀下降，窑内三带相对位置不被破坏。常用的出料装置有拖板出料机、圆盘出料机以及摆动齿辊出料机。

7.3.2.6　通风装置

由于立窑中燃烧需要大量空气，所产生的烟气也需要及时排出，因此必须设置鼓风和排风装置。根据风管插入窑体的位置分为底部鼓风（中心鼓风）和腰部鼓风（周边鼓风）两种方式。立窑的排气装置主要由窑罩和烟囱组成（自然排风），或采用机械排烟。

7.3.2.7　密封装置

加大窑内鼓风量对立窑生产有利，加强窑的密封性也十分关键。常用的密封装置有三道闸门和料封管。

习题与思考题

7-1　回转窑由哪些基本部分组成，对每个组成部分的基本要求是什么，怎样才能达到这些要求？

7-2　对回转窑用煤粉提出哪些基本要求，为什么有这些要求，如何保证回转窑内具有稳定的足够温度和合乎长度要求的火焰？

7-3　物料在回转窑内是如何运动的，影响物料在回转窑内运动速度和停留时间的因素有哪些？

7-4　回转窑内各带热交换的特点是什么，在不同段带如何提高气流与物料之间的传热速率？

7-5　立窑布料装置、卸料装置对窑的正常操作有哪些影响，有哪几种布料、卸料装置，各具有什么特点?

7-6 回转窑与立窑相比有哪些优缺点,什么情况下用回转窑煅烧熟料较为合适,从提高煅烧熟料产量、质量、降低热耗方面考虑,在耐火领域内的回转窑应做哪些方面的改进与发展?

8 钢铁工业窑炉

本章要点：

高炉冶炼是获得生铁的手段，而转炉则为炼钢车间的主体设备。本章学习的主要目的在于掌握钢铁生产的两大基本炉窑（高炉与转炉）的工作原理、窑炉结构、内衬材料以及损毁机理，为现代冶金工业的优质高效、长寿节能、清洁生产和过程自动设计奠定基础。

8.1 炼铁高炉

高炉冶炼主要以铁矿石（天然富矿、烧结矿和球团矿）为原料，以焦炭、煤粉、重油、天然气为燃料和还原剂，以石灰石为溶剂，在高炉中通过燃料燃烧、氧化物中铁元素的还原以及非铁元素造渣等一系列复杂的物理化学过程，获得生铁。其主要副产品有高炉炉渣和高炉煤气（如图 8-1 所示）。铁矿石与焦炭按比例称量、混合后送至高炉顶部，炉料自顶部注入炉内，燃料与热风炉中热空气在风口处相遇并喷入炉内高温燃烧，燃烧产物经除尘、洗涤处理后得到一种良好的副产品——高炉煤气。作为另一种副产品，熔渣被装入渣罐并排放到水池中，水冲洗后得到水淬渣。其中一部分渣被运到水泥厂作水泥掺和料，大部分渣作为固体废渣被堆积起来（期待综合利用）。炽热的铁水经铁水沟流到铁水罐，被火车或汽车运到附近的钢厂炼钢。高炉是一种竖窑，为实现优质、高产、低耗、长寿炉龄，高炉本体结构以及辅助系统必须满足冶炼过程的要求，并在生产实践中不断完善。一座有效容积为 4000 m^3 的高炉，日产生铁 10000 t，炉渣 3000～5000 t、煤气 16～18 Mm^3，消耗 16500 t 铁矿石，4500～5500 t 焦炭和 13～14 Mm^3 鼓风。

高炉本体包括高炉基础、钢结构、炉衬、冷却装置，而高炉本体设计是最为关键的部分。高炉炉衬的任何部位破损，并非由单一而是由多种破坏机理的交替综合作用的结果。高炉炉衬用耐火材料已由单一用陶瓷耐火材料过渡到陶瓷质和碳质耐火材料。

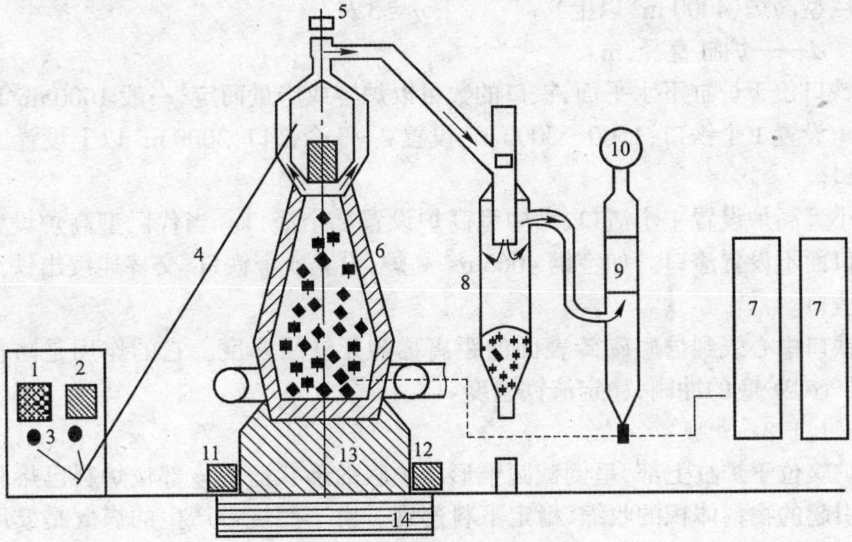

图 8-1 高炉结构

1—储矿槽；2—焦仓；3—称量车；4—斜桥；5—放散阀；6—高炉；7—热风炉；8—除尘器；9—切断阀；10—洗涤塔；11—渣罐；12—铁水罐；13—基墩；14—基座

8.1.1 高炉本体五段式结构

所谓高炉本体五段式结构，是指自高炉底部死铁层以上的部位，依次为炉缸、炉腹、炉腰、炉身和炉喉。

8.1.1.1 高炉有效容积和有效高度

我国习惯规定：高炉有效容积 $V_u<100\ m^3$，为小型高炉；$V_u=255\sim620\ m^3$，为中型高炉；$V_u>620\ m^3$，为大型高炉。高炉的有效高度，对高炉内煤气和炉料之间的传热过程有重大影响。有效高度增加，煤气流速与炉料接触机会增加，有利于传热传质，降低能耗。但太高会形成料拱，对炉料下降不利。

8.1.1.2 炉缸

炉缸指高炉炉型下部的圆筒部分。它的上中下部分分别装有风口、渣口、铁口。炉缸下部容积盛装有液态的渣铁，上部空间为风口燃烧带。风口的数目主要取决于炉容大小，与炉缸直径成正比，还与冶炼强度有关。其数目 n 可参照以下公式确定：

中小型高炉 $n=2(d+1)$

大型高炉 $n=2(d+2)$

巨型高炉(4000 m^3 以上)　　　　$n=3d$

式中　d——炉缸直径,m。

铁口位于炉缸下水平面,铁口的数目以炉容或产量而定,一般 1000 m^3 以下的高炉设置 1 个铁口;1500～3000 m^3 设置 2～3 个铁口,3000 m^3 以上设置 3～4 个铁口。

小型高炉设置 1 个渣口,大中型高炉设置 2 个渣口。当代巨型高炉设置多个铁口而不设置渣口。如宝钢 4063 m^3 高炉,设立 4 个铁口,交替连续出铁而不设置渣口。

铁口中心线到炉底砌砖表面的距离称为死铁层厚度。它的作用是防止渣铁、煤气对炉底的冲刷,稳定渣铁温度。

8.1.1.3　炉腹

炉腹位于炉缸上部,呈倒截圆锥形。炉腹的形状适应该部位炉料已熔化滴落而引起的物料体积的收缩,稳定下料速度。由于燃烧带产生的煤气是鼓风量的 1.4 倍,理论燃烧温度可达 1800～2000℃,气体激烈膨胀,炉腹的存在适应这一变化。

炉腹的结构尺寸有炉腹高度和炉腹角。对大型高炉,高度取值为 3.0～3.6 m。炉腹过高,炉料有可能尚未熔融就进入收缩段;炉腹过低可能减弱炉腹应有的作用。炉腹角一般取值 79°～83°,过大不利于煤气分布,过小会增加炉腹部位对炉料下降的阻力,不利于顺行。

8.1.1.4　炉腰

炉腹上部的圆形空间为炉腰,是高炉炉型直径最大部位。它是冶炼的软熔带,炉料的透气性变差,炉腰的存在扩大了该部位的横向空间,改善了通气条件。因此,当冶炼渣量大时,应适当扩大炉腰直径。

在炉型结构上,炉腰起承上启下的作用,使炉腹向炉身过渡平缓,减少死角。炉腰高度一般取 1～3 m。炉腰直径与炉缸、炉腹角、炉腹高度有关。

8.1.1.5　炉身

炉身呈正截圆锥形向下扩张,以适应炉料向下运动时,因温度升高所产生的体积膨胀,有利于减小炉料下降的摩擦阻力,避免形成料拱。炉身高度占高炉有效高度的 50%～60%,保障了煤气与炉料之间传热和传质过程的进行。

炉身角对炉料下降和炉身部位煤气流分布有重要影响,取小有利于炉料下降,但容易发生边缘煤气流;取大时效果恰好相反。高炉角设计取值为 80.5°～85.5°。原料燃料条件好,炉身角可向大取值;相反,原料粉末多,燃料质量差,炉身角可向小取值。前苏联 5580 m^3 高炉炉身角取 79°42′17″。

8.1.1.6 炉喉

炉喉呈圆柱形,其作用是承接炉料,稳定料面,保证炉料合理分布。炉喉直径与炉腰直径之比应为0.64～0.73。炉喉之上部位是钟上炉顶装料装置。

炉型设计与计算可参见有关书籍。

8.1.2 高炉炉衬破坏机理

高炉冶炼是高温下复杂的物理化学过程,炉衬被破坏到一定程度,需要中修或大修,停炉大修是高炉一代寿命的终止。炉衬破坏机理归纳为如下几方面。

8.1.2.1 高温渣铁的渗透与侵蚀

在炉腰及炉腹部位形成熔融的铁渣,向下流动进入炉缸,渣中的 FeO、MnO、CaO 与砖中的 SiO_2 相互作用,形成低熔点的化合物,使得砖衬表面软熔。炉腹部位特别严重,开炉不久就被侵蚀完毕,仅靠冷却壁上渣皮在工作。

液态铁、重金属及碱金属的渗透,是炉缸炉底周围破损的主要原因,铁水沿砌体缝隙和气孔渗透到砌体内部凝固并析出石墨,体积膨胀,进而扩大裂缝使砖衬脱落或漂浮。

8.1.2.2 高温和热震破损

冶炼过程中,炉内温度经常波动。当温度梯度产生的热应力超过砖衬的极限,砖就开裂。实践表明,炉体中下部砖衬就有裂纹并产生脱落。一般热应力使得砖衬内平行于工作表面的50～100 mm 深处产生裂纹,裂纹相互贯穿后出现大面积脱落。

8.1.2.3 炉料和煤气流的摩擦冲刷及煤气炭素沉积的破坏作用

高炉内煤气实际流速可达到15～20 m/s,且携带大量粉尘,上升煤气流对炉衬产生巨大冲刷磨损作用。炉腰部位折角处磨损尤为严重。炉身中上部炉料较为坚硬,具有棱角,下降炉料的摩擦是砖衬破坏的重要原因。上升的煤气中含有25%左右的CO,进入砖衬气孔和裂缝中的CO在400～800℃分解产生炭素沉积,与耐火材料中的 Fe_2O_3 作用,使之还原为单质Fe,而单质Fe是CO分解的催化剂,加速炭素的沉积。随着沉积碳所发生的晶型转变而附带产生的体积变化,砖衬组织松弛,强度下降,以至龟裂破坏。该破坏作用在炉衬的炉腰和炉身中下部较为严重。

8.1.2.4 碱金属和其他有害元素的破坏作用

炉料中的碱金属和锌,在高温作用下沉积到炉料上再循环,部分沉积在炉衬上,其余随炉气被排出。这些氧化物与炉衬中氧化铝和氧化硅反应形成低熔点的铝硅酸盐,使得炉衬软熔并被冲刷损坏;碱金属与炽热的焦炭发生反应,生成氰化物(KCN,NaCN)并同水蒸气和 CO_2 反应生成氰化氢(HCN)。氰化氢渗入砖衬内分解产生碳沉积,对炉衬起破坏作用。

综上所述,高炉内任何部位的破坏,都是多种破坏机理的交替综合作用的结果。高炉寿命是炉型设计、炉衬结构及材质、高炉冷却设备与工艺制度、冶炼条件等因素的综合作用的结果。

8.1.3 高炉用耐火材料

高炉用耐火材料有陶瓷质材料和碳质材料。陶瓷质材料有黏土砖、高铝砖、刚玉砖、不定型耐火材料。碳质材料有碳砖、石墨砖、石墨碳化硅砖、氮结合碳化硅砖和黏土结合碳化硅砖。

8.1.3.1 黏土砖和高铝砖

黏土砖和高铝砖具有较好的机械强度,耐磨性和抗渣性均好,成本较低,普遍用于高炉的各个部位。高炉用黏土砖和高铝砖要求具备如下性能:

(1) 化学成分中氧化铝含量高而氧化铁含量低。氧化铝含量高保证黏土质耐火材料具有较高耐火度;由于氧化铁与一氧化碳相互作用生成海绵铁和石墨碳沉积,劣化材料组织而破坏炉衬。为此国家标准和行业标准中对这两项指标有严格要求。

(2) 耐火度和荷重软化要求高。

(3) 重烧收缩率要小。它是表征材料升到高温后产生裂纹可能性的大小。

(4) 气孔率要低。可抑制石墨和锌沉积砖衬中,延长其使用寿命。

8.1.3.2 碳质耐火材料

随着冶炼强度提高,炉衬热负荷加重,以快速导热的碳质耐火材料显示独特性能。尤其炉底部位几乎普遍采用碳质耐火材料。它的主要性质如下:

(1) 耐火度高。在3500℃升华,在冶炼工艺过程中不软化也不熔化。

(2) 具有很好的抗渣性。无论对酸性与碱性炉渣都有良好的抗蚀性。

(3) 具有高导热性与抗热冲击性,可以发挥砖衬冷却的功效,有利于延长炉衬的寿命。

(4) 线膨胀系数小,热稳定性高。

(5) 对氧化性气体的抵抗能力差,易氧化。在 400 ℃被氧气氧化,在 500℃与水蒸气作用,在 700℃与二氧化碳作用。

提高炭砖的质量途径是:配料中加入石墨可大幅度提高炭砖的导热性;降低气孔率和气孔直径,提高体积密度,可进一步提高抗碱和抗氧化性能;改善工艺,如热压炭砖可比无压炭砖气孔率低得多,炭砖中加入沥青可以堵死气孔。

半石墨化自焙炭块炉衬为我国首创，在鞍钢高炉用炉缸炉底使用，效果良好。

8.1.3.3 不定型耐火材料

不定型耐火材料主要有捣打料、喷补料、浇注料、泥浆和填料。其主要特点是成形工艺简单，能耗低，抗热震性好，耐剥落等。

8.1.4 高炉冷却

高炉冷却的目的是维持炉衬在一定温度下工作，使其不失去强度，保持炉型；形成渣皮，保护和替代炉衬工作；保护炉壳与各种钢结构，使其不因受热而变形或破坏。

常用的冷却方式为水冷、风冷和汽化冷却。

8.1.5 高炉基础

高炉基础是高炉下部的承重结构，它的作用是将高炉全部载荷传递到地基。构成形式为基座和基墩（如图 8-1 所示）。

8.2 炼钢转炉

本节主要介绍氧气顶吹转炉结构与工艺特点。氧气转炉是转炉炼钢的主体设备，如图 8-2 所示。转炉由炉帽、炉身和炉底三部分组成。炉帽系一上小下大的正口形截圆锥体；炉帽以下、熔池面以上的圆筒为炉身部分；熔池面以下为炉底部分。

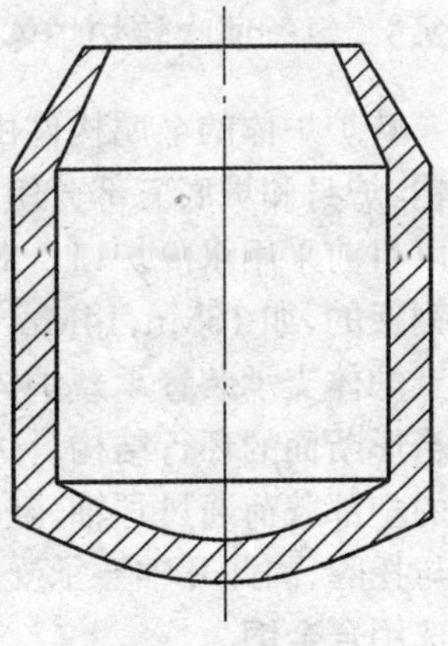

图 8-2 转炉结构

8.2.1 炉型结构主要参数的确定

炉型结构主要参数确定有：

(1) 熔池尺寸的确定（熔池直径与深度），主要根据装入量、供氧强度、喷嘴类型、冶金动力学条件、炉衬蚀损等因素综合考虑。

(2) 炉身、炉帽、出钢口尺寸确定。

(3) 炉容比确定。

8.2.2 炉衬材质的合理选择

炉衬材质是提高炉龄的基础。常用的工作层衬砖有：沥青结合镁砖，w(C)

＝5%～6%；烧成浸渍镁砖，焦油或沥青结合的白云石砖，$w(C)=2\%$；沥青或树脂结合白云石炭砖，$w(C)=7\%\sim15\%$；沥青或树脂结合镁炭砖，$w(C)=10\%\sim25\%$。由于镁碳砖成本高，一般只用于耳轴区或渣线易损部位。

8.2.3　炉衬的组成

通常炉衬由永久层、填充层和工作层组成。永久层紧贴于保护炉壳，常用煤砖砌筑。填充层介于永久层与工作层之间，一般用焦油镁砂捣打而成，该层的主要功能是减轻炉衬受热膨胀时对炉壳产生挤压。而工作层系指与金属、熔渣和炉气接触的内层炉衬，工作条件相当恶劣。目前工作层多用镁炭砖和焦油白云石砖综合砌筑。炉帽可用两步煅烧镁砖。

8.2.4　砖型选择原则

砖型选择的原则有：

(1) 尽可能选用大砖，提高筑炉速度，减少砖缝，减轻劳动强度。

(2) 力争筑炉过程中不打或少打砖，以提高砖的利用率和保证砖的质量。

(3) 在出钢口和炉底选用异型砖。

(4) 尽量减少砖型种类。

8.2.5　氧气顶吹转炉炉体的金属构件

转炉炉体的金属构件由炉壳、炉体支承装置和倾动机构组成。炉壳通常由炉帽、炉身和炉底三部分组成。由于炉帽，特别是炉口部位受高温作用易变形，所以目前采用水冷炉口。对 30 t 以上的转炉要求耐高压的锅炉钢板，也有用合金钢板的，如 16Mn，14MnNb 等。

炉体支承装置承载炉体全部重量，主要部件有托圈，通常是用钢板焊成的且呈箱形断面的环行结构。炉体与托圈的连接装置为耳轴及其轴承，炉体及其托圈的全部载荷通过耳轴，经轴承座传给地基；倾动机构的力矩又通过耳轴传给炉体与托圈，因此耳轴要承受多种载荷作用，因此要求具有足够的强度和刚度，一般选用合金钢。

倾动机构可使转炉在冶炼过程中前后倾转，倾动角度为 ±360°，以满足兑铁水、加废钢、取样测温、补炉、出渣出钢等需要，倾动速度可以调节。倾动机构的主要参数有倾动速度(0.15～1.5 r/min)、倾动力矩和耳轴位置。

8.2.6 顶底复吹转炉炉型与底部供气构件

顶底复吹转炉是继氧气顶吹转炉和底吹之后于20世纪70年代后发展起来的新型转炉炼钢设备,兼有顶吹易于控制成渣以及底吹可以增大熔池搅拌强度的优点。炉型基本特征:炉底一般为平底,以便设置喷口;炉子的高宽比略小于顶吹转炉,却大于底吹转炉,略呈矮胖型;熔池深度取决于底部喷口直径和供气压力。主要设计参数为炉容比、高径比、熔池直径和熔池深度。

底部供气构件的设计:

(1) 底气气源种类

底气气源一般为Ar、N_2、O_2、空气,缺少Ar气的地方可以设置CO_2和CO气源。气源压力不能少于3 MPa。气源选择与吹炼功能有关。顶底复吹法可分为如下三种:

1) 强化冶炼型。顶枪吹氧,底部也吹氧,同时还要吹入保护性燃料和中性气体、石灰粉等。供气构件和系统比较复杂。

2) 增加废钢比型。顶枪上设有上下孔,上孔专为CO完全燃烧成CO_2提供氧气,下孔专为氧化金属中的杂质供氧;底枪为氧－燃型喷枪,既加热废钢又搅拌熔池。

3) 加强搅拌型。顶枪吹氧,底部吹惰性气体或中性气体N_2。供气构件大为简化。

(2) 底气用量

采用底吹氧时,一般吹氧用量占总氧量的20%~25%。采用底吹Ar、N_2、CO_2,供气强度小于0.03 $m^3/(t\cdot min)$,冶金特征接近顶吹法;达到0.2~0.3 $m^3/(t\cdot min)$,可保证降低炉渣和金属的氧化性,并达到足够的搅拌强度。

(3) 透气构件

透气构件有:

1) 透气砖。目前采用组合式透气砖,由多块耐火砖组合成各种砖缝并外包不锈钢板而成。高压成形透气砖以镁碳砖为宜,单管内径ϕ1.5~4 mm,壁厚1 mm。此外目前还有法国发明的定向透气砖和日本发明的内夹波形衬板透气砖,防止钢水浸入。

2) 喷嘴。顶底复吹法发展初期,主要采用单管式炉底喷嘴吹Ar、N_2气体。缺点是气流速度小于声速,容易引起气流脉动,造成间断式供气,导致喷嘴黏结而灌钢。套管式喷嘴的内管和环缝均供气,调节气流的压力和面积可改善气流性能。此外还有类环缝管式喷嘴。

喷嘴数目及布置的合理设计可以使得顶吹与底吹产生的环流运动同向，生产中喷嘴数量为 2～4 个，且呈非对称性布置较好。

习题与思考题

8-1　高炉炼铁需要哪些原料，高炉炼铁有哪些产品和副产品，对它们怎么处理才有利？

8-2　高炉炼铁为什么要用熔剂，常用的熔剂有哪几种？

8-3　高炉可分为几部分，各部分的作用是什么？

8-4　高炉用的耐火材料有哪些，各起什么作用？

8-5　转炉炉体可分为几部分？

8-6　如何确定炉型结构的主要参数？

8-7　顶底复吹转炉炉型有什么特征，顶底复吹法又分为哪些？

9　薄板坯连铸连轧生产用加热炉及炼钢炉

本章要点：

近终形连铸是指所有浇铸接近最终产品尺寸和形状的浇铸方式，保证最终产品质量所需压下量的前提下，更接近于产品最终形状的连铸技术，如薄板坯连铸技术、薄带连铸技术、喷雾沉积技术等。薄板坯连铸连轧技术是生产热连轧板卷的一项短流程工艺，成为继氧气转炉炼钢，连续铸钢之后钢铁工业重要的革命性技术，是本章学习的主要内容。

9.1　薄板坯连铸连轧工艺技术

20世纪80年代以来，世界上先后研制开发出多种薄板坯连铸连轧技术，主要代表有德国西马克(SMS)开发的CSP技术、德马克(Demag)和阿尔维迪(Arvid)联合开发的ISP技术、意大利达涅利(Danieli)开发的FTSR技术、奥地利奥钢联(VAI)开发的CONROLL、日本住友金属(SMI)开发的QSP技术、美国蒂平斯开发的TSP技术及德国西马克、蒂森公司和法国尤西诺尔、沙西洛尔公司共同开发的CPR技术等。典型的薄板坯连铸连轧工艺流程由炼钢(电炉或转炉)—炉外精炼—薄板坯连铸—连铸坯加热—热连轧等五个单元工序组成。该工艺将过去的炼钢厂和热轧厂有机地压缩、组合到一起，缩短了生产周期，降低了能量消耗，从而大幅度提高经济效益。

9.1.1　CSP工艺技术

CSP(compact strip production)工艺也称紧凑式热带生产工艺。CSP生产工艺流程(图9-1)一般为：电炉或转炉炼钢→钢包精炼炉→薄板坯连铸机→剪切机→辊底式隧道加热炉→粗轧机(或没有)→均热炉(或没有)→事故剪→高压水除鳞机→小立辊轧机(或没有)→精轧机→输出辊道和层流冷却→卷取机。

CSP技术的主要特点是：

(1) 采用立弯式铸机、漏斗形直结晶器、刚性引锭杆、浸入式水口、连铸用保护渣、电磁制动闸、液芯压下技术、结晶器液压振动、衔接段采用辊底式均热炉。

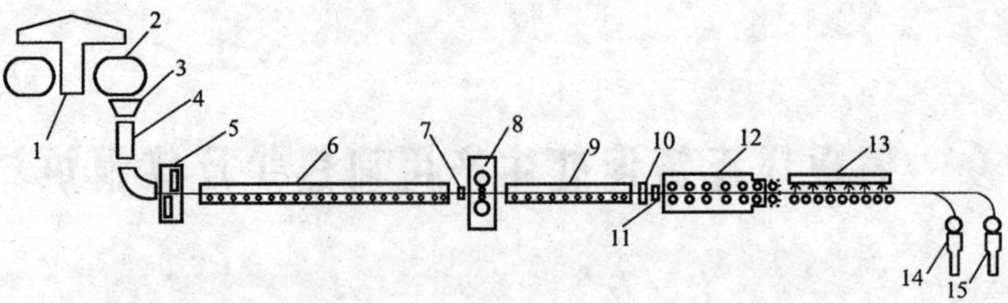

图 9-1　高炉－转炉薄板坯连铸连轧 CSP 工艺流程图

1—回转台；2—钢包；3—中间罐；4—连铸机；5—剪切机；6—加热炉；7,11—除鳞机；8—粗轧机；9—加热炉；10—事故剪；12—精轧机；13—层流冷却；14—卷取机；15—预留卷取机

高压水除鳞。第一架前加立辊轧机。轧辊轴向移动、轧辊热凸度控制、板形和平整度控制、平移式二辊轧机等新技术。

(2) 可生产厚 0.8 mm 或更薄的碳钢、超低碳钢钢板。

(3) 生产钢种包括:低碳钢、高碳钢、高强度钢、高合金钢及超低碳钢。

9.1.2　ISP 工艺技术

ISP(inline strip production)工艺也称在线热带钢生产工艺。ISP 生产线的工艺流程(图 9-2)一般为:电炉或转炉炼钢→钢包精炼→连铸机→大压下量初轧机→剪切机→感应加热炉→克日莫那炉→热卷箱→高压水除鳞机→精轧机→输出辊道和层流冷却→卷取机。

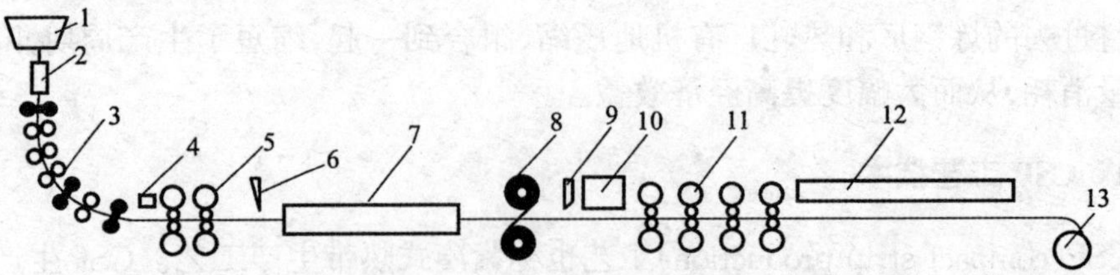

图 9-2　ISP 工艺流程图

1—中间包；2—结晶器；3—液芯压下；4,10—除鳞机；5—预轧机；6—剪切机；7—感应加热炉；8—热卷箱；9—事故剪；11—精轧机；12—层流冷却；13—卷取机

ISP 技术的主要特点是:

(1) 采用直－弧形铸机,小漏斗形结晶器,薄片状浸入式水口,连铸用保护

渣,液芯压下和固相铸轧技术,感应加热接克日莫那炉(也可用辊底式炉),电磁制动闸,大压下量初轧机加带卷开卷加精轧机,轧辊轴向移动、轧辊热凸度控制、板形和平整度控制、平移式二辊轧机等技术。

(2) 生产线布置紧凑,不使用长的均热炉,总长度仅 180 m 左右,是目前最短的薄板坯连铸连轧生产线,从钢水至成卷仅需 30 min,充分显示其高效性。

(3) 二次冷却采用气雾或空冷,有助于生产较薄断面且表面质量要求高的产品。

(4) 整个工艺流程热量损失较小,能耗少。

(5) 可生产厚 1.0 mm 或更薄的产品。可以生产低碳钢、高碳钢、深冲钢、结构钢、管线钢、不锈钢。

9.1.3 FTSR 工艺技术

FTSR 工艺(flexible thin slab rolling)被称之为生产高质量产品的灵活性薄板坯轧制工艺。FTSR 工艺流程(图 9-3)一般为:电炉或转炉炼钢→钢包精炼→薄板坯连铸机→旋转式除鳞机→剪切机→辊底式隧道式加热炉→二次除鳞机→立辊轧机→粗轧机→保温辊道→三次除鳞装置→精轧机→输出辊道和带钢冷却段→卷取机。

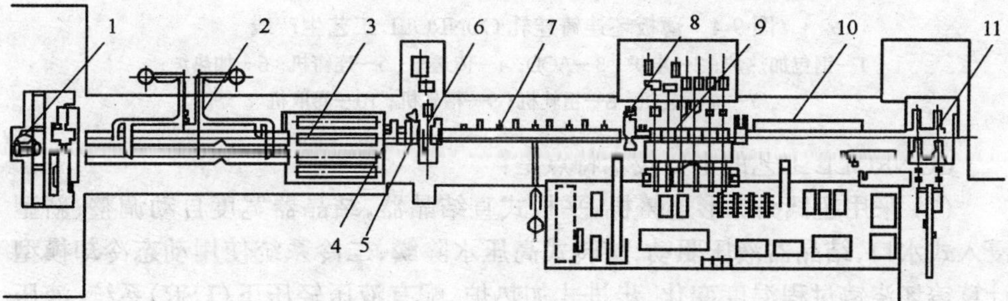

图 9-3 典型的 FTSR 技术的工艺布置图

1—连铸机; 2—旋转式一次除鳞; 3—隧道式加热炉; 4—二次除鳞; 5—立辊轧机; 6—粗轧机; 7—保温辊道; 8—三次除鳞; 9—精轧机; 10—输出辊道和层流冷却; 11—卷取机

FTSR 技术具有相当的灵活性,能浇铸范围较宽的钢种,可提供表面和内部质量、力学性能、化学成分均匀的汽车工业用板。主要技术特点是:

(1) 采用直-弧形铸机,H^2 结晶器,结晶器液压振动,三点除鳞,浸入式水口,连铸用保护渣,动态软压下(分多段,每段可单独),熔池自动控制,独立的冷却系统，辊底式均热炉，全液压宽度自动控制轧机，精轧机全液压的 AGC，机架间强力控制系统，热凸度控制系统，防止粘皮的辊星系统，工作辊抽动系统，双缸强力弯辊系统等。

(2) 可生产低碳钢、中碳钢、高碳钢、包晶钢、特种不锈钢等。

9.1.4　CONROLL 工艺技术

CONROLL 工艺是奥钢联工程技术公司开发的用于生产不同钢种的连铸连轧生产工艺。CONROLL 工艺流程(图 9-4)为：常规连铸机→板坯热装(或直接)进步进梁式加热炉→带立辊可逆粗轧机→精轧机架→输出辊道和层流冷却→卷取机。

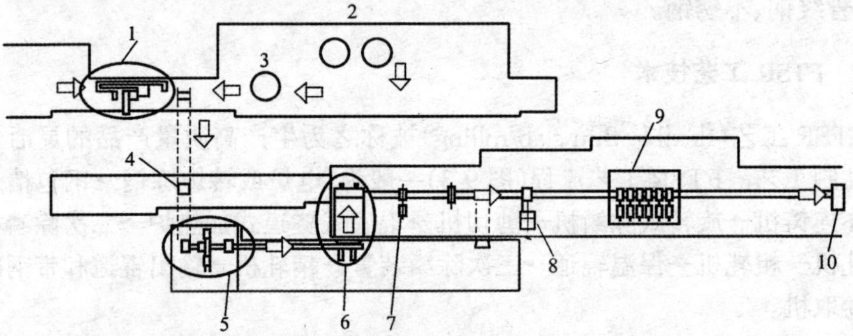

图 9-4　薄板坯连铸连轧 CONROLL 工艺生产线

1—钢包加热炉；2—电炉；3—AOD；4—传送车；5—连铸机；6—加热炉；7—立辊轧机；8—粗轧机；9—精轧机；10—卷取机

CONROLL 工艺的主要技术特点是：

(1) 采用超低头弧形连铸机，平板式直结晶器，结晶器宽度自动调整，新型浸入式水口，结晶器液压驱动，旋转式高压水除鳞，二冷系统使用动态冷却模型计算铸坯浇铸过程温度变化，步进式加热炉，配有液压轻压下(LSR)系统，液压 AGC，工作辊带液压活套装置，轧机 CVC 技术等。

(2) 可生产低碳钢、中碳钢、高碳钢、高强度钢、合金钢、不锈钢、硅钢、包晶钢等。

9.1.5　QSP 工艺技术

QSP 技术是日本住友金属开发出的生产中厚板坯的技术，开发的目的在于提高铸机生产能力的同时生产高质量的冷轧薄板。QSP 工艺生产流程(图 9-5)一般为：电炉或转炉炼钢→钢包精炼炉→薄板坯连铸机→剪切机→辊底式隧道加热炉→立辊轧边机→粗轧机→高压水除鳞机→精轧机→卷取机。

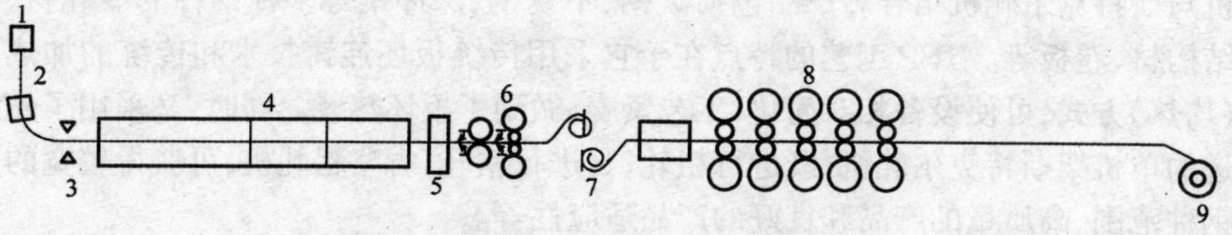

图 9-5 薄板坯连铸连轧 QSP 工艺流程图

1—单流连铸机；2—软压下装置；3—剪切机；4—隧道式加热炉；5—立辊轧边机；
6—初轧机、除鳞机；7—除鳞机；8—精轧机；9—卷取机

QSP 工艺的主要技术特点是：

(1) 采用直-弧形铸机，采用多锥度高热流结晶器，非正弦振动，电磁闸，二冷大强度冷却，中间罐高热值预热燃烧器，辊底式均热炉，轧辊热凸度控制，板形和平整度控制等技术。

(2) 可生产碳钢、低碳铝镇静钢(LCAK)、低合金钢、包晶钢等。

9.1.6 TSP 工艺技术

倾翻带钢新技术，简称 TSP(tippins-samsung process)。TSP 工艺流程(图 9-6)一般为：电弧炉(AC 或 DC)或转炉炼钢→钢包精炼→薄板坯连铸机→步进式加热炉→高压水除鳞机→立辊轧边机→单机架斯特克尔轧机→层流冷却→卷取机。

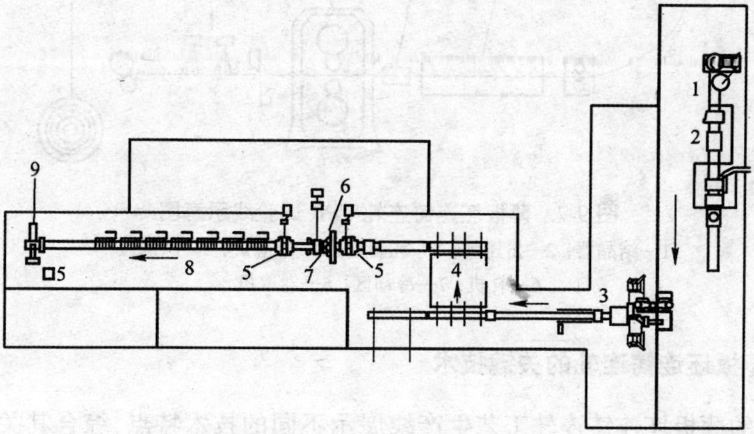

图 9-6 薄板坯连铸连轧 TSP 工艺设备布置示意图

1—电弧炉；2—钢包精炼炉；3—连铸机；4—均热炉；5—卷取机；6—立辊轧边机
7—单机架斯特克尔轧机；8—层流冷却；9—成品带卷

TSP 工艺是为小钢厂设计的生产热轧带材的方法。它将中等厚板坯连铸机与斯特克尔轧机结合。产品包括碳钢、不锈钢、深冲钢等多种钢种的冷轧材、结构材、卷板等。TSP 工艺的特点在于它采用传统板坯连铸技术和传统的加热(均热)方式,可使设备相对简化,工艺紧凑,做到了板坯热装。同时,又采用了先进的单机架斯特克尔轧机,既进行粗轧,又进行精轧,省略粗轧机,可获得较宽的钢种范围、高质量的产品和良好的产品适应性等。

9.1.7　CPR 工艺技术

CPR(casting pressing rolling)工艺即铸压轧工艺,用于生产厚度小于 25 mm 的合金钢和普碳钢热轧带材。它利用浇铸后的大压下(60%的极限压下量),仅使用一组轧机,最终可生产厚度为 6.0 mm 的薄带卷,也可生产低碳钢、管线钢、铁素体和奥氏体不锈钢及高硅电工钢等。该生产线包括一台连铸机、一台感应炉、除鳞机、一台四辊轧机。工艺流程(图 9-7)示意为:电炉或转炉炼钢→钢包精炼炉→薄板坯铸压轧→感应加热炉→旋转式高压水除鳞机→精轧机→层流冷却→卷取机。

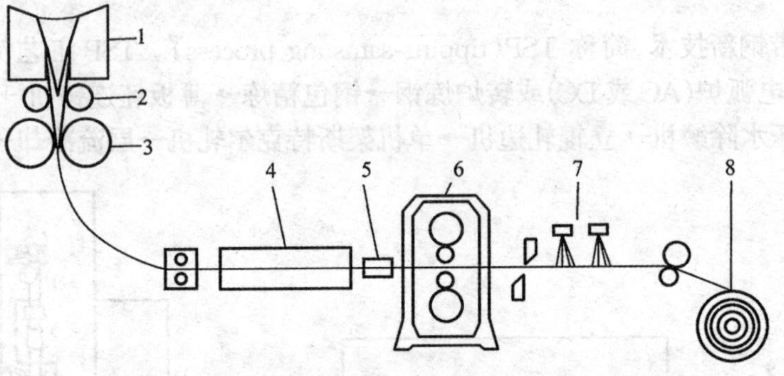

图 9-7　薄板坯连铸连轧 CPR 试验线示意图
1—结晶器; 2—挤压辊; 3—轧制辊; 4—感应炉; 5—除鳞区;
6—轧机; 7—冷却区; 8—卷取机

9.1.8　薄板坯连铸连轧的关键技术

众多的薄板坯连铸连轧工艺生产线展示不同的技术特点,综合其关键技术主要有以下几个方面。

9.1.8.1 结晶器

为提高薄板坯连铸机的单流产量，提高铸坯质量，扩大品种，结晶器已由传统的平行板型演化成现在的漏斗形乃至全鼓肚形，使上口的面积加大，以利于浸入式水口的插入及保护渣的熔化。CSP工艺使用漏斗形结晶器，这种结晶器上部一端做成漏斗形状，在结晶器的两宽面板间形成了一个垂直方向带锥度的空间，这样有利于浸入式水口的深入，而漏斗区以外的两侧壁仍是平行的。设计漏斗形状以及漏斗向平行段的过渡区是该技术的关键。ISP工艺最早使用的是传统平行铜板结晶器，由于只能使用薄片形长水口，且其壁厚较薄，最大通钢量受到了限制，同时水口寿命很低，为此将平行板型改进扩展为小鼓肚形，小鼓肚的存在，上口空间加大，使薄片型水口壁厚增加，使用寿命延长。FTSR工艺采用了一种新的类似凸透镜状，上口、下口断面尺寸一样的全鼓肚型结晶器，这种型式的结晶器既可解决浸入式水口插入，又可减少铸坯表面裂纹等问题，结晶器内钢水容量在相同铸坯厚度时比其他类型多60%，且坯壳生成应力低于漏斗形，气隙也小，能浇铸易裂钢种。通常采用漏斗形结晶器。

9.1.8.2 浸入式水口

浸入式水口和结晶器的匹配是连铸技术的一个重要课题。浸入式水口的开发，其中包括形状、出口角度、材质等，在薄板坯连铸工艺中也别具特点。

9.1.8.3 保护渣技术

薄板坯连铸使用的保护渣特别重要。要求熔点低、黏度低且流动性强的渣系才行。中空颗粒渣能保证结晶器内器壁与铸坯间很快地形成稳定、可控的保护渣膜，起到良好的润滑作用。

9.1.8.4 铸轧技术

铸轧技术是薄板坯连铸连轧工艺的关键技术。铸轧技术的内涵包括液芯轻压下和液－固相的轧制两方面。所谓液芯压下(liquid core reduction)是指在结晶器出口处板坯尚未完全凝固的条件下将其厚度压缩到所要求的尺寸的工艺。铸坯出结晶器下口后，对其坯壳施加挤压，液芯仍保留在其中，经二冷扇形段，液芯不断收缩直至薄板坯全部凝固。液芯压下铸轧对细化晶粒效果明显，可获得良好的韧性，而固相轧制为薄板坯连铸机直接生产中板提供了条件。尽管各薄板坯连铸连轧工艺所采用的液芯压下技术的形式和特点不完全相同，但液芯压下的好处已被公认，现在该技术已得到广泛应用，并在不断改进完善。液芯铸轧可以看成是降低能耗、提高产品质量的一种生产薄板带的技术发展方向。

9.1.8.5 动态软压下技术

动态软压下是指薄板坯连铸技术中每一个软压下扇形段由液压缸各自进行

位置控制,根据拉坯速度、产品质量、拉坯力等动态调节。动态软压下可以在理想的时机进行压下,使铸坯受挤压而不破裂,改善铸坯组织,提高质量。

拉坯速度高是薄板坯连铸的特点之一,拉速一般为 5～8 m/min。为使薄板坯连铸连轧生产线上的连铸机和连轧机更加匹配,提高铸坯的拉速势在必行。要提高拉速,则要求进一步改善结晶器的传热,所以必须加大冷却强度、减小结晶器铜板厚度、控制保护渣为薄膜状。

9.1.8.6　高压水除鳞

薄板坯表面积大,易出现二次氧化,生成氧化铁皮,如不及时清除,会与轧辊在高温下接触,不仅损坏轧辊,也常因轧制速度远高于浇铸速度而将氧化铁皮轧入。除磷装置有高压水、旋转高压水多种类型,其水压从 10～20 MPa 提高至 40 MPa。

9.1.8.7　加热方式

薄板坯连铸连轧的工艺要求铸坯直接进入精轧机,铸坯薄且温度高还需均匀,必须在线对铸坯予以加热保温。大多采用均热炉的加热方式,炉内布置内芯冷却的耐热辊道,保温效果好。视薄板坯入炉温度的高低而进行保温或加热,大大降低了能耗。对于两流薄板坯连铸机及一套连轧机的流程,均热炉为平移式或摆动式,极大地方便了铸坯的加热和传输。

9.1.8.8　精轧机组

现有的各种类型的热精轧机组有 4 机架、5 机架、6 机架乃至 7 机架(美国阿克梅钢公司),其生产能力均可达 135 万～200 万 t/a,大大超过薄板坯连铸机单流生产能力。目前热精轧机组均配有轧辊轴向移动、板形平整度、厚度在线调控、轧辊表面热凸度控制等装置,轧制厚 1.0 mm 甚至更薄的热轧带卷已不成问题,如何更有效地发挥出轧机组的作用是关键问题。

9.2　薄板坯连铸连轧加热技术

连铸连轧加热技术是薄板坯短流程新工艺的关键技术之一,通过衔接区－加热炉将两个成熟的、各自成为体系的技术连铸和连轧联结在一起,不仅起着加热、补热、保温的作用,重要的还起到了连铸与连轧两个速度不同的工艺环节之间的柔性衔接、匹配和协调作用。随着薄板坯连铸连轧技术的不断发展,相应的加热技术也在不断完善,各种具体的加热技术之间取长补短、相互渗透。

9.2.1　薄板坯连铸连轧加热炉的作用

在连铸与连轧之间采用的加热设备 (加热、均热、保温炉)是衔接连铸连轧生产线的关键设备。从工艺角度讲,中间加热设备需要在完成输送连铸坯的过程中对其进行补热以使铸坯温度均匀达到连轧温度要求的功能,解决板坯温度场不均的问题。薄板坯连铸机的拉坯速度和热连轧机组的轧制速度是截然不同的两种工艺速度,加热炉作为连铸机与连轧机两种不同工艺速度部分之间的缓冲区,对铸机与轧机间的物流进行衔接、缓冲,协调二者的生产,即可以根据生产的需要,将铸坯以铸机拉速、轧机入口速度或更高的速度从上一工序送到下一工序。当生产线上的任一环节出现故障,生产不能顺行时,该加热炉发挥缓冲的功能,如当下游轧机出现故障时,上游铸机不能停机,于是可以将铸坯在炉内储存,待下游轧机正常后,继续生产,最终实现在对铸坯温度场进行合理调整以很好适应轧制薄带钢边部质量控制的同时,还可保证生产中铸坯有序地供应给轧机。

9.2.2 薄板坯连铸连轧加热炉的类型

不同的工艺流程采用不同类型的加热炉:CSP、QSP、FTSR 工艺通常采用辊底式隧道加热炉;而 CONROLL 工艺则配置步进梁式加热炉;ISP 工艺采用感应加热炉。

9.2.2.1 直通式辊底隧道炉

直通式辊底隧道炉是连铸机和连轧机的输送辊道和加热炉的集成体,炉体为直通式隧道,内装耐热辊道,连铸坯在直通式辊底炉内对其补热和轧机换辊及事故时的缓冲。铸坯出连铸机后在以铸机拉速前进的同时被加热,达到轧制温度后加速运行至炉尾,以轧机的咬入速度出炉,直接进入轧机,辊道辊子内通水冷却,辊子表面堆焊,并安装有耐热材料的辊环,相邻辊子的辊环交错布置,以避免不同的辊子的辊环总是与铸坯的同一位置接触,造成铸坯局部温度过低,产生水印。炉子分为加热段、均热段、缓冲段和出料段。辊底式炉一般用于 100 mm 厚度以下板坯的加热,加热温度为 1100～1150℃,炉长一般为标准板坯长度的 4～5 倍, 约 150～250 m。为了确保在轧机换辊时连铸机能连浇以及有处理暂时的操作或设备故障的时间,加热炉一般留有不少于 12 min 的缓冲时间。加热炉采用的燃料为混合煤气,标准状态下发热值为 9196 kJ/m^3,按比例燃烧。

根据薄板坯连铸连轧工艺的要求,常常是两流连铸机配一套轧机,每流铸机都需要配置一座加热炉,即在紧靠铸机与轧机之间设有两座辊底式加热炉。两流之间需要将铸坯进行过渡。过渡方式主要有两种,一种是平移式渡口,一种是对角线摆动式渡口。加热炉采用摆动方式过钢时,摆动过程中空气预热照常,供热不间断,燃烧烟气由烟囱排出厂房外。

直通辊底式隧道炉的主要设备包括:高速低氧化烧嘴,每个烧嘴带有一个空气枪，在烧嘴低负荷操作时保证火焰稳定，加大了烧嘴能力的调节范围；助燃风机；换热器，换热器保护措施为冷风稀释、热风放散；排烟系统；炉辊，每辊有4个辊环用于支撑板坯，辊环材质为耐高温合金，辊环之间用耐火材料包扎，辊轴内部水冷，每个炉辊配备1个齿轮电动机，单独驱动，变频调速；摆动段，其动作由位于各摆动段底部的摆动机构驱动。

直通辊底式隧道炉的结构特点为：

(1) 加热炉为直通式结构，炉顶可拆卸，便于处理紧急事故。

(2) 钢结构分块组装，热膨胀可有效地消除在模块之间。

(3) 炉顶及侧墙上部采用耐火纤维，加热炉热惰性小，炉温控制灵活。

(4) 炉底为斜仓式结构，配有气动渣门，可临时储存氧化铁皮，定期手动打开渣门清渣。

(5) 烧嘴布置于板坯上部加热炉的两侧，上加热，下排烟。

(6) 炉体两侧基础上的钢结构支撑炉辊。

辊底式隧道加热炉的节能功能有：

(1) 板坯直接入炉加热，充分利用板坯显热。

(2) 炉顶和上部侧墙采用耐火纤维，下部炉墙复合绝热。

(3) 设置中间门和出料门以及炉底渣门并有效密封，减少开口辐射热损失。

(4) 换热器回收烟气余热，空气预热温度(烧嘴前)约为500℃。

(5) 炉辊双层包扎，减少炉辊冷却水带走的热损失。

(6) 利用二级系统的在线数学模型实现最佳化控制。

9.2.2.2 步进梁式加热炉

步进炉为传统加热方式。步进梁式加热炉同样分三段操作，第一段为加热段，第二段具有缓冲、保温功能，第三段与轧机同步。铸坯在炉底上的移动靠炉底可动的步进梁做矩形轨迹的往复运动，可将铸坯放置在固定梁上由进料端一步一步地送到出料端。炉底由固定梁和步进梁(移动梁)两部分组成，如图9-8所示。初始铸坯放在固定梁上，此刻移动梁放在铸坯下面的 A 点，然后移动梁由 A 点垂直上升到 B 点位置，在到达固定梁平面时将铸坯托起，接着移动梁托着铸坯沿水平方向从 B 点移至 C 点，最后移动梁再垂直下降到 D 点位置，铸坯再次回到固定梁上。移动梁的运动是可逆的，轧机故障要停炉检修或需将铸坯退出炉子时，移动梁逆向工作，铸坯由装料端退出炉外。通常采用液压传动。

步进梁式加热炉可加热各种尺寸、形状的铸坯，加热炉生产能力大，灵活性大。步进梁式加热炉一般用于100～150 mm 中厚板坯的加热，加热温度约为1250℃。为了适应薄而长的板坯加热，都配有长行程装料机，可将高温板坯直接

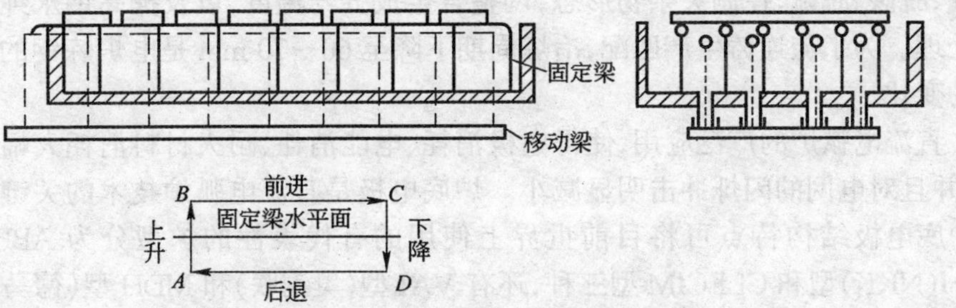

图 9-8 步进梁式加热炉移动梁的运动

从入口侧送至出口侧。入口侧为缓冲段,在轧机换辊或停车时,缓冲段可继续接受连铸坯,其缓冲时间较辊底式炉要长,结构也较复杂,造价也相对较高。

9.2.2.3 *感应加热炉和热卷箱*

该炉子由感应加热炉和无芯卷取的热卷箱式均热炉组成,主要作为薄板坯连铸连轧 ISP 工艺技术的衔接区设备。感应加热炉是在辊道上设置一组感应线圈,铸坯在辊道上运行的同时也在线圈中通过,加热温度是通过改变线圈的电流强度来控制,而铸坯的透热深度是通过改变频率来调整。经过加热的铸坯由无芯卷取设备卷成带卷,进入热卷箱中均热,热卷箱上有储存多个带卷的位置,以增加缓冲的时间。克日莫纳炉实际是一对卷取机,通过气体来加热铸坯,同时将长铸坯卷取,送至精轧机,可提供 9 min 的缓冲时间,但其设备较复杂,维修困难。

9.3 薄板坯连铸连轧生产用炼钢炉

目前可通过建电炉短流程来应用薄板坯连铸连轧技术,也可在高炉－转炉长流程中嫁接薄板坯连铸连轧技术。

9.3.1 电炉短流程

多数薄板坯连铸连轧生产线中是配以电炉炼钢。目前生产薄板坯的短流程钢厂的典型类型是:废钢和少量海绵铁→交流或直流电炉→LF 钢包精炼炉→薄板坯连铸连轧。电炉炼钢必须具备两个基本条件:充足的电力供应和丰富的废钢资源。电炉炼钢应用了一系列的新技术、新设备,如废钢预热、氧燃烧嘴、管式水冷炉壁和炉盖、双炉壳结构、偏心炉底出钢等。电炉的基本功能主要体现在电炉作为废钢快速熔化器、适度脱磷和脱碳器、能量转换及控制器上,从而进一步突出了炉外精炼的作用,即电炉炼钢后,必须在真空或惰性等条件下对钢水进行脱气、脱碳、脱硫，控制夹杂物形态，调整合金成分与温度，以及提高钢水纯净度等处理。为了与连铸生产匹配，冶炼周期下降至 60～70 min 是电炉炼钢的最明显的变化。

直流电弧炉的广泛应用，使得电极消耗、电能消耗、耐火材料消耗大幅度降低，并且对电网的闪烁冲击明显减小。炉底电极是直流电弧炉技术的关键。根据炉底电极结构特点可将目前世界上使用的有代表性的炉型分为 ABB 型、GHH(NKK)型和 CLECIM 型三种，还有 VAI 型(奥钢联)和 MDH 型(德马克)。

9.3.1.1　ABB 型直流电弧炉

ABB 型直流电弧炉的技术核心是导电耐火材料炉底(如图 9-9 所示)。炉壳的底部是一个活动的球形炉底，内层为铜板，外层为耐热钢板，导电耐火砖直接砌在铜板上，砖与铜板之间的空隙用石墨材料填充，以减少接触电阻。这种形式的炉底对镁－石墨质的耐火砖要求高，为保证足够的导电性，耐火砖的 $w(C)$ 达到 15%，而且需要经高温处理。通常砌三层砖，下面两层为永久性衬，厚度为 250 mm。炉底有一个垂直的环形法兰，由一个环形沟槽支撑着，并与炉壳相焊接。球形炉底通过环形法兰支承在炉壳的环形槽内，在法兰和沟槽之间垫上绝缘耐火砖，两侧的间隙用耐火混合料封闭。在炉底铜板上焊有 4 个铜制接线柱，用来与底部的电缆相连接。为防止炉底过热，炉底通过轴流式风机强制冷却。

导电耐火材料除要求具有所有炼钢用耐火材料的各种性能以外，还必须具有以下特征：电阻率应尽可能小，一般要求应低于 $5\times10^{-2}\Omega\cdot cm$；热导率要低，以减少炉内热量散失；应具有高的耐侵蚀能力。

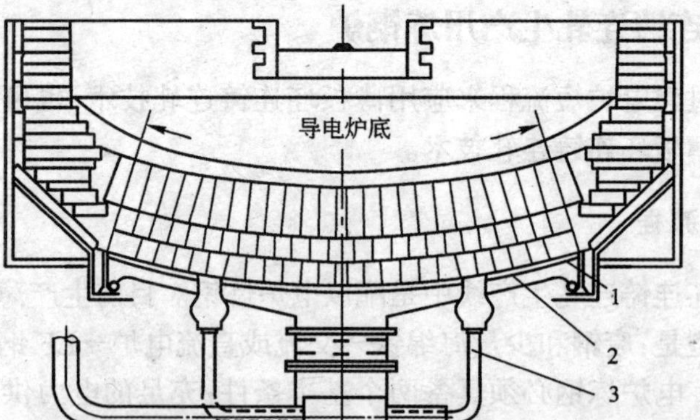

图 9-9　ABB 型直流电弧炉导电炉底电极结构示意图

1—炉底导电耐火材料；2—阳极铜板；3—接线端子；4—风冷系统

ABB 型直流电弧炉底电极的特点为：

(1) 底电极接触面积大，有利于废钢充分熔化。

(2) 炉底负载电流密度低，炉底应力小，蚀损率低，有利于延长炉底寿命。

(3) 炉底为预制镁碳砖，便于砌筑和维护。

(4) 安全可靠，不漏钢。

9.3.1.2 GHH 型(Unarc 型)直流电弧炉

Unarc 型电炉炉底采用触针式电极，特点是在炉底耐火材料中垂直放入几百支低碳钢导体，称为接触螺栓，也称为触针；上端略高于炉底耐火材料，下端有螺纹，穿过炉底支承底板后固定在导体板上。导体板中心有向下伸出的中空接头，与整流器阳极出来的水冷电缆相连接。这样，电流就从阳极水冷电缆流经导体板、接触螺栓，到达废钢或钢水，再到石墨阴极构成回路，虽然与钢水接触的接触螺栓高出耐火炉衬部分会被钢水熔化，但就整个上端接触螺栓而言，由于埋入耐火材料而受到很大的保护，由此，接触螺栓上端的损耗与炉底耐火材料同步。接触螺栓的下端，通过炉底板和导体板之间安装的风机进行有效的通风冷却。在安装有接触螺栓的地方同时埋置热电偶，用来测定每支螺栓的温度变化，并根据测温记录来正确估计更换底电极的时间。当底电极损耗得不能再继续使用时，用一块新的盒式底电极预制块来更换，此预制块已经在耐火炉衬里安装了接触螺栓。Unarc 型直流电弧炉的底电极结构如图 9-10 所示。

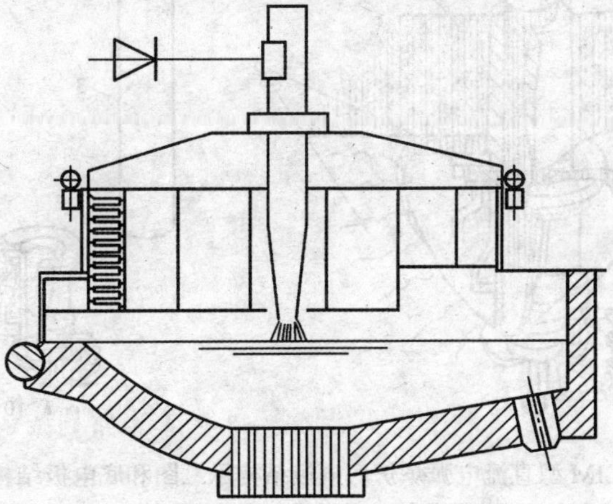

图 9-10 Unarc 型直流电弧炉底电极结构示意图

Unarc 型(风冷接触棒针型)底电极有以下特点：

(1) 稳定的电弧导致传热效果好。

(2) 炉底采用风冷式，比水冷式安全，炉底厚度小，便于更换。

(3) 底电极区电阻小、能耗低。

(4) 相同工作电流和供热条件下，散热面积大。

(5) 炉子中心的熔化条件优化，渣区的耐火材料损蚀小。

(6) 炉底电极的熔损速度均匀，每炉约为 1 mm。

9.3.1.3　CLECIM 型直流电弧炉

CLECIM 型直流电弧炉采用的底电极又称钢棒式水冷型，这种底电极是铜与钢焊接在一起的水冷电极。电极上端与钢水接触的消耗部分的材质是低碳钢，下半部分的材质是紫铜，并通水冷却。根据电流功率的大小确定底电极支数，一般在炉底中心周围安装底电极。由于这种电极是水冷的，上端的消耗速度略低于耐火材料的消耗速度，在运行过程中电极端头略高于耐火材料，这有利于冷启动时废钢与底电极接触。底电极安装和维护都比较方便。加上消耗部分是间接水冷，故消耗速度低于炉底耐火材料的消耗速度。因此，在更换耐火炉底衬里的同时可更换底电极。水冷炉底电极还包括一个水冷铜套，它能提供与连铸机冷却结晶器相类似的冷却作用；电弧炉还包括一个补偿器，它使水冷底电极在废钢加料时对冲击起缓冲作用而避免断裂。图 9-11 所示为 CLECIM 型直流电弧炉炉底结构示意图和底电极结构局部剖面图。

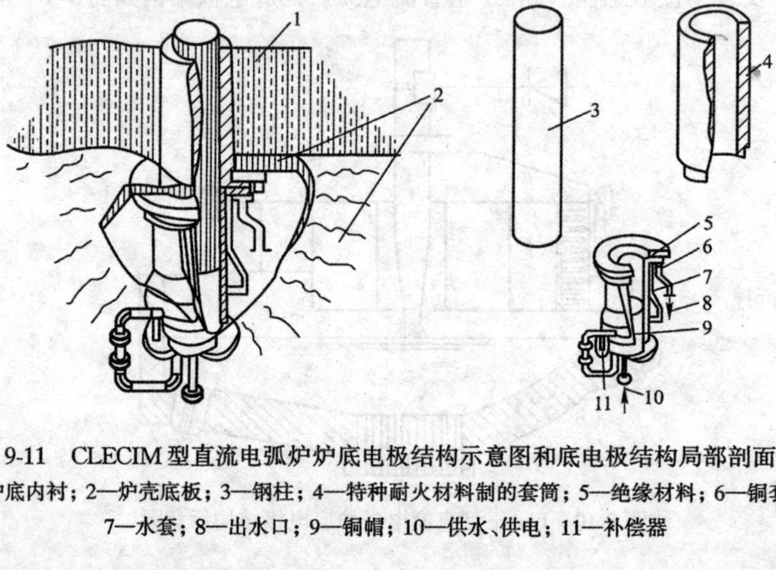

图 9-11　CLECIM 型直流电弧炉炉底电极结构示意图和底电极结构局部剖面图
1—炉底内衬；2—炉壳底板；3—钢柱；4—特种耐火材料制的套筒；5—绝缘材料；6—铜套筒；7—水套；8—出水口；9—铜帽；10—供水、供电；11—补偿器

CLECIM 型直流电弧炉底电极具有以下优点：

(1) 结构较风冷接触棒针型简单,造价低。

(2) 电耗和耐火材料消耗、噪声与烟尘级别、闪烁控制、熔炼方式相当或优于现有的风冷炉底电极结构。

(3) 熔池温度分配均匀,且能控制底电极电流,避免了在炉衬上产生热点和冷点。

(4) 更换、维修底电极较其他形式的直流电弧炉方便,每个炉役的使用寿命一般超过 1300 炉。

9.3.1.4 VAI 型直流电弧炉

VAI 型直流电弧炉的特点在于其阳极是由嵌在整体氧化镁捣结料中的薄钢片组成,薄钢片的厚度大约 1.5 mm。因为片的厚度与表面的比值有利,所以没有必要进行炉底冷却。采用这种底电极的优点在于炉底侵蚀速度小,从而降低炼钢的成本;具有底电极快速更换系统,当底电极的厚度降低到一定值后,就采用此技术更换底电极。在更换之前,把炉内钢水放光,约过 4 h,就可以用 4 个液压缸把底电极取下,一般冶炼 1500 炉后,可更换底电极。VAI 型直流电弧炉电极结构如图 9-12 所示。

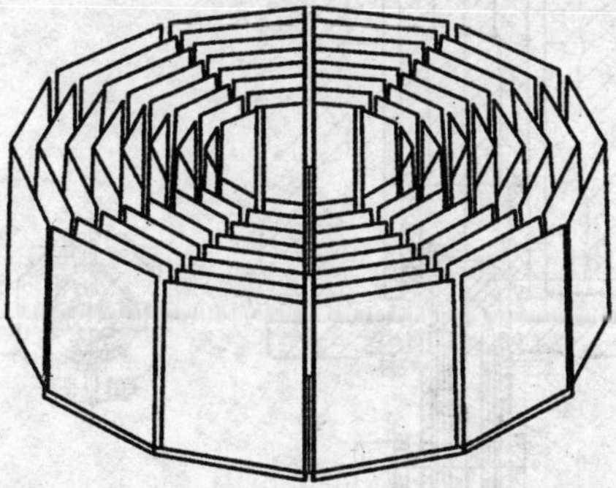

图 9-12 VAI 型直流电弧炉电极结构示意图

叶片型底电极的特点为:

(1) 采用不含碳的标准镁质捣结耐火材料。

(2) 炉衬不会使钢水增碳,故可以冶炼低碳钢。

(3) 阳极扇形件可以预制备用,以便进行快速更换,缩短停炉时间。

(4) 电流密度小,故炉底内衬使用寿命长。

9.3.1.5　MDH 型直流电弧炉

MDH 型直流电弧炉水冷底电极结构图如图 9-13 所示。MDH 型式的底电极是 4 个棒状电极，在炉底呈矩形布置，目的是防止电弧偏移朝向两侧炉壁而形成热点。此种布置即使电弧向门或炉后偏移对炉衬也无影响。底电极是由铜与钢焊接而成的水冷电极，与钢水接触的上端是由低碳钢制成的，下半部分为紫铜制造。双金属电极由闭路喷水系统冷却，以保证电极的长期使用寿命。这个冷却系统有效而且可靠，在出现故障的情况下，供水便自动停止，并通入压缩空气使炉底电极进行无水紧急冷却。底电极在冶炼过程中其上部呈熔化状态，使得周围的耐火材料加速浸蚀，待出钢后，上部钢水凝固，这样重复循环，耐火衬浸蚀较严重。底电极被浸蚀后，根据底电极监测热电偶显示的温度确定是否更换。更换时，首先将钢水出净，用氧枪或压缩空气吹去底电极部分未出净的钢水，而后将炉底吊至维修位置，同时将已修好的备用炉底吊到操作位置继续操作。

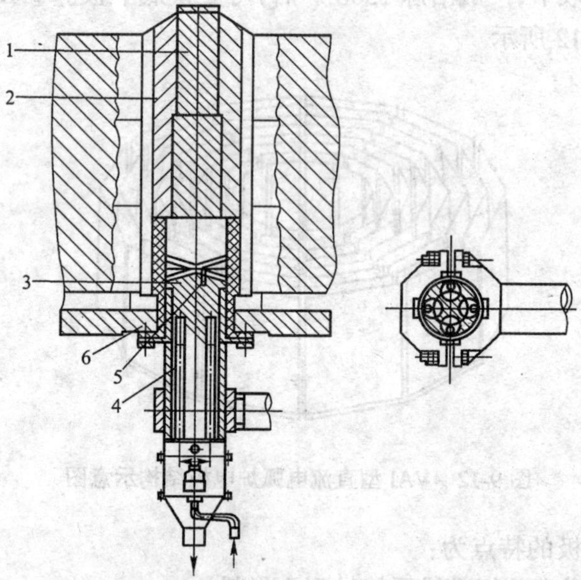

图 9-13　MDH 型直流电弧炉水冷底电极结构示意图

1—钢柱；2—电极密封环；3—铜柱；4—冷却器；5—热电偶；6—绝缘材料

MDH 型直流电弧炉底电极的特点为：

(1) 采用喷淋式水冷却，冷却效果好。

(2) 为保持热平衡,底电极由两种材料(钢和铜)制成。

(3) 底电极二次导体的布置最大限度地减少了电弧的偏移。

(4) 两个热电偶用来监视电极熔化情况,超过预定温度时可报警。

(5) 4 个底电极分成两组,两组通过的电流可调节,从而可随意改变电弧方向,使电弧引向"冷点"。

(6) 底电极的二次导体软缆是通过炉底的接线装置联结的,使用简便,更换炉壳时拆卸也方便。

9.3.2 高炉－转炉长流程

用高炉－转炉长流程来嫁接薄板连铸连轧技术的优势体现在:

(1) 转炉比电炉的燃料、动力消耗低,致使转炉炼钢费用低。

(2) 转炉炼钢原料条件好,钢水纯净度高,生产能力大。电炉在使用部分铁水和海绵铁后,虽可提高钢水纯净度,但毕竟会因海绵铁价格高而增加原料费用。

(3) 转炉炼钢可利用已有的炼铁系统供应的丰富的铁水,通过新建薄板坯连铸连轧生产线改变原长条产品为热板带产品,无疑可加速企业结构改造和优化产品结构,与此同时还可充分发挥新技术的结构紧凑、热装热送、连铸连轧的优势,大大提高老企业的经济效益。

(4) 从规模和投资角度分析,薄板坯连铸连轧嫁接到高炉－转炉长流程上也是合理的。

为保证整条生产线物流畅通、结构合理、产品规格合适、配置规模选择得当,需要妥善安排好以下的问题:

(1) 转炉和连铸机的配合。转炉作业率与薄板坯连铸机的作业率不同,转炉生产受连铸机及轧机的作业率限制。反之,转炉的容量、冶炼周期,都直接影响铸机作业率的发挥。从现有薄板坯连铸机类型来看,转炉不宜容量过小,即使它作业率高也往往供不上薄板坯较大宽度断面浇铸时的钢水需求量。此外,浇铸钢种不同,为保证铸坯质量要采用的拉速也要有所不同。

(2) 炼铁、炼钢、连铸连轧各工序间的均衡生产。长流程钢厂远比短流程钢厂工序繁杂,加之高炉生产是连续的,只有炉况稳定才能顺行,也才能给转炉提供充足铁水。

习题与思考题

9-1　什么叫近终形连铸技术,近终形连铸主要包括哪几个方式?

9-2　简述典型的薄板坯连铸连轧工艺类型及其技术特点。

9-3　什么是薄板坯连铸连轧工艺的关键技术?

9-4　简述薄板坯连铸连轧加热炉的作用及其类型。

9-5　什么是辊底式隧道加热炉,简述其结构特点。

9-6　简述直流电弧炉炉底电极的类型及其主要特点。

附　录

附录 1　干空气的热物理性质　　（$p=1.01\times10^5$Pa）

t/℃	ρ/ $kg\cdot m^{-3}$	c_p/kJ·(kg·℃)$^{-1}$	λ/W·(m·℃)$^{-1}$	α/$m^2\cdot s^{-1}$	μ/Pa·s	v/$m^2\cdot s^{-1}$	Pr
−50	1.584	1.013	2.04×10^{-2}	12.7×10^{-6}	14.6×10^{-6}	9.24×10^{-6}	0.728
−40	1.515	1.013	2.12×10^{-2}	13.8×10^{-6}	15.2×10^{-6}	10.04×10^{-6}	0.728
−30	1.453	1.013	2.20×10^{-2}	14.9×10^{-6}	15.7×10^{-6}	10.80×10^{-6}	0.723
−20	1.395	1.009	2.28×10^{-2}	16.2×10^{-6}	16.2×10^{-6}	11.61×10^{-6}	0.716
−10	1.342	1.009	2.36×10^{-2}	17.4×10^{-6}	16.7×10^{-6}	12.43×10^{-6}	0.712
0	1.293	1.005	2.44×10^{-2}	18.8×10^{-6}	17.2×10^{-6}	13.28×10^{-6}	0.707
10	1.247	1.005	2.51×10^{-2}	20.0×10^{-6}	17.6×10^{-6}	14.16×10^{-6}	0.705
20	1.205	1.005	2.59×10^{-2}	21.4×10^{-6}	18.1×10^{-6}	15.06×10^{-6}	0.703
30	1.165	1.005	2.67×10^{-2}	22.9×10^{-6}	18.6×10^{-6}	16.00×10^{-6}	0.701
40	1.128	1.005	2.76×10^{-2}	24.3×10^{-6}	19.1×10^{-6}	16.96×10^{-6}	0.699
50	1.003	1.005	2.83×10^{-2}	25.7×10^{-6}	19.6×10^{-6}	17.95×10^{-6}	0.698
60	1.060	1.005	2.90×10^{-2}	26.2×10^{-6}	20.1×10^{-6}	18.97×10^{-6}	0.696
70	1.029	1.009	2.96×10^{-2}	28.6×10^{-6}	20.6×10^{-6}	20.02×10^{-6}	0.694
80	1.000	1.009	3.05×10^{-2}	30.2×10^{-6}	21.1×10^{-6}	21.09×10^{-6}	0.692
90	0.972	1.009	3.13×10^{-2}	31.9×10^{-6}	21.5×10^{-6}	22.10×10^{-6}	0.690
100	0.946	1.009	3.21×10^{-2}	33.6×10^{-6}	21.9×10^{-6}	23.13×10^{-6}	0.688
120	0.898	1.009	3.34×10^{-2}	36.8×10^{-6}	22.8×10^{-6}	25.45×10^{-6}	0.686
140	0.854	1.013	3.49×10^{-2}	40.3×10^{-6}	23.7×10^{-6}	27.80×10^{-6}	0.684
160	0.815	1.017	3.64×10^{-2}	43.9×10^{-6}	24.5×10^{-6}	30.09×10^{-6}	0.682
180	0.779	1.022	3.78×10^{-2}	47.5×10^{-6}	25.3×10^{-6}	32.49×10^{-6}	0.681
200	0.746	1.026	3.93×10^{-2}	51.4×10^{-6}	26.0×10^{-6}	34.85×10^{-6}	0.680
250	0.674	1.038	4.27×10^{-2}	61.0×10^{-6}	27.4×10^{-6}	40.61×10^{-6}	0.677
300	0.615	1.047	4.60×10^{-2}	71.6×10^{-6}	29.7×10^{-6}	48.33×10^{-6}	0.674
350	0.566	1.059	4.91×10^{-2}	81.9×10^{-6}	31.4×10^{-6}	55.46×10^{-6}	0.676
400	0.524	1.068	5.21×10^{-2}	93.1×10^{-6}	33.0×10^{-6}	63.09×10^{-6}	0.678
500	0.456	1.093	5.74×10^{-2}	115.3×10^{-6}	36.2×10^{-6}	79.38×10^{-6}	0.687
600	0.404	1.114	6.22×10^{-2}	138.3×10^{-6}	39.1×10^{-6}	96.89×10^{-6}	0.699
700	0.362	1.135	6.71×10^{-2}	163.4×10^{-6}	41.8×10^{-6}	115.4×10^{-6}	0.700
800	0.329	1.156	7.18×10^{-2}	188.8×10^{-6}	44.3×10^{-6}	134.8×10^{-6}	0.713
900	0.301	1.172	7.63×10^{-2}	216.2×10^{-6}	46.7×10^{-6}	155.1×10^{-6}	0.717
1000	0.277	1.185	8.07×10^{-2}	245.9×10^{-6}	49.0×10^{-6}	177.1×10^{-6}	0.719
1100	0.257	1.197	8.50×10^{-2}	276.2×10^{-6}	51.2×10^{-6}	199.3×10^{-6}	0.722
1200	0.239	1.210	9.15×10^{-2}	316.5×10^{-6}	53.5×10^{-6}	233.7×10^{-6}	0.724

附录 2 在大气压力($p=1.01\times10^5$Pa)下烟气的热物理性质

(烟气的组成成分:$\varphi(CO_2)=13\%$, $\varphi(H_2O)=11\%$, $\varphi(N_2)=76\%$)

t/℃	ρ/kg·m^{-3}	c_p/kJ·(kg·℃)$^{-1}$	λ/W·(m·℃)$^{-1}$	α/m^2·s^{-1}	μ/Pa·s	v/m^2·s^{-1}	Pr
0	1.295	1.042	2.28×10^{-2}	16.9×10^{-6}	15.8×10^{-6}	12.20×10^{-6}	0.72
100	0.950	1.068	3.13×10^{-2}	30.8×10^{-6}	24.4×10^{-6}	21.54×10^{-6}	0.69
200	0.748	1.097	4.01×10^{-2}	48.9×10^{-6}	24.5×10^{-6}	32.80×10^{-6}	0.67
300	0.617	1.122	4.84×10^{-2}	69.9×10^{-6}	28.2×10^{-6}	45.81×10^{-6}	0.65
400	0.525	1.151	5.70×10^{-2}	94.3×10^{-6}	31.7×10^{-6}	60.38×10^{-6}	0.64
500	0.457	1.185	6.56×10^{-2}	121.1×10^{-6}	34.8×10^{-6}	76.30×10^{-6}	0.63
600	0.405	1.214	7.42×10^{-2}	150.9×10^{-6}	37.9×10^{-6}	93.61×10^{-6}	0.62
700	0.363	1.239	8.27×10^{-2}	183.8×10^{-6}	40.7×10^{-6}	112.1×10^{-6}	0.61
800	0.330	1.264	9.15×10^{-2}	219.7×10^{-6}	43.4×10^{-6}	131.8×10^{-6}	0.60
900	0.301	1.290	10.00×10^{-2}	258.0×10^{-6}	45.9×10^{-6}	152.5×10^{-6}	0.59
1000	0.275	1.306	10.90×10^{-2}	303.4×10^{-6}	48.4×10^{-6}	174.3×10^{-6}	0.58
1100	0.257	1.323	11.75×10^{-2}	345.5×10^{-6}	50.7×10^{-6}	197.1×10^{-6}	0.57
1200	0.240	1.340	12.62×10^{-2}	392.4×10^{-6}	53.0×10^{-6}	221.0×10^{-6}	0.56

附录 3 气体的平均比定压热容 (kJ/(kg·℃))

温度/℃	$c_p(RO_2)$	$c_p(N_2)$	$c_p(O_2)$	$c_p(H_2O)$	$c_p(CO)$	$c_p(H_2)$	$c_p(H_2S)$	$c_p(CH_4)$	$c_p(C_2H_4)$	c_p(烟气)	c_p(干空气)	c_p(湿空气)
0	1.6203	1.2992	1.3075	1.4913	1.302	1.277	1.516	1.566	1.767	1.424	1.3008	1.3247
100	1.7199	1.3013	1.3193	1.5018	1.302	1.290	1.541	1.654	2.106	1.424	1.3050	1.3289
200	1.8079	1.3029	1.3368	1.5173	1.310	1.298	1.574	1.767	2.328	1.424	1.3096	1.3339
300	1.8807	1.3080	1.3582	1.5378	1.319	1.302	1.608	1.892	2.529	1.440	1.3180	1.3427
400	1.9435	1.3172	1.3628	1.5592	1.331	1.302	1.645	2.022	2.721	1.457	1.3301	1.3553
500	2.0453	1.3293	1.4005	1.5830	1.344	1.306	1.683	2.144	2.893	1.474	1.3440	1.3695
600	2.0591	1.3419	1.4193	1.6077	1.361	1.310	1.721	2.269	3.048	1.491	1.3582	1.3837
700	2.1076	1.3553	1.4369	1.6337	1.373	1.315	1.758	2.382	3.190	1.507	1.3724	1.3984
800	2.1516	1.3682	1.4528	1.6601	1.390	1.319	1.796	2.495	3.341	1.520	1.3862	1.4126
900	2.1914	1.3816	1.4662	1.6864	1.403	1.323	1.830	2.596	3.450	1.532	1.3992	1.4260
1000	2.2265	1.3938	1.4800	1.7132	1.415	1.327	1.863	2.696	3.567	1.545	1.4118	1.4390
1100	2.2592	1.4055	1.5336	1.7396	1.428	1.336	1.892	2.784		1.557	1.4235	1.4511
1200	2.2885	1.4164	1.5022	1.7656	1.440	1.344	1.922	2.872		1.566	1.4344	1.4624
1300	2.3157	1.4290	1.5123	1.7907	1.449	1.352	1.947			1.578	1.4453	1.4738
1400	2.3404	1.4373	1.5219	1.8150	1.461	1.361	1.972			1.591	1.4549	1.4838
1500	2.3634	1.4470	1.5311	1.8388	1.470	1.369	1.997			1.604	1.4641	1.4934
1600	2.3848	1.4553	1.5399	1.8619	1.478	1.377				1.616	1.4729	1.5026
1700	2.4041	1.4624	1.5483	1.8841	1.486	1.386				1.629	1.4809	1.5110
1800	2.4225	1.4704	1.5558	1.9054	1.495	1.394				1.641	1.4888	1.5194
1900	2.4392	1.4779	1.5638	1.9251	1.499	1.398				1.654	1.4959	1.5269
2000	2.4551	1.4851	1.5713	1.9448	1.507	1.407				1.666	1.5031	1.5340
2100	2.4698	1.4913	1.5784	1.9628	1.511	1.415					1.5093	1.5407
2200	2.4836	1.4980	1.5851	1.9812	1.520	1.424					1.5173	1.5479
2300	2.4970	1.5031	1.5922	1.9984	1.524	1.432					1.5219	1.5537
2400	2.5096	1.5085	1.5989	2.0147	1.528	1.440					1.5273	1.5596
2500	2.5213	1.5144	1.6056	2.0306	1.537	1.449					1.5340	1.5658

附录 4 耐火材料及建筑材料的热导率

材 料	最高使用温度/℃	密度/$kg \cdot m^{-3}$	热导率/$W \cdot (m \cdot ℃)^{-1}$		备 注
耐火材料					
黏土砖	1300～1400	1900	$0.698 + 0.64 \times 10^{-3} t$		
高铝砖					
$w(Al_2O_3)$:56%	1500～1600	2380	$1.22 + 0.41 \times 10^{-3} t$		气孔率 19%
$w(Al_2O_3)$:74%		2530	$1.75 + 0.45 \times 10^{-3} t$		气孔率 20%
刚玉砖					
$w(Al_2O_3)$:90%	1700～1800	2750	$1.70 + 0.29 \times 10^{-3} t$		气孔率 23%
$w(Al_2O_3)$:98%		3000	$2.90 - 0.58 \times 10^{-3} t$		气孔率 21%
硅 砖	1600	1850～1950	$0.815 + 0.756 \times 10^{-3} t$		
镁 砖	2000 (荷重下 1500～1600)	2700	$4.3 - 0.477 \times 10^{-3} t$		
镁铬砖	1750	2800	$4.05 + 0.825 \times 10^{-3} t$		
碳化硅砖					
再结晶 SiC	>1600		$35.6 - 23.4 \times 10^{-3} t$		气孔率 21.7%
$w(SiC)$:90%	1600	2320	$20.9 - 8.72 \times 10^{-3} t$		
$w(SiC)$:77%	1500	2360	$14.6 - 6.35 \times 10^{-3} t$		
$w(SiC)$:50%	1400	2200	$5.23 - 1.28 \times 10^{-3} t$		
电熔莫来石砖	1600	2850	$2.33 + 0.163 \times 10^{-3} t$		
电熔锆刚玉砖	1600～1700		600℃	1000℃	
$w(ZrO_2)$:32.5%		3450	3.72	4.08	
$w(ZrO_2)$:35%		3500	3.96	4.20	
$w(ZrO_2)$:41%		3650	3.84	4.08	
电 熔	1650～1900				
$w(Al_2O_3)$:93%		2800	2.09	3.38	
$w(Al_2O_3)$:95%		3200	3.96	4.42	
$w(Al_2O_3)$:99%			6.40	6.51	
耐火混凝土					
矿渣硅酸盐水泥					
——高炉矿渣	700		0.53～1.2		20～400℃
硅酸盐水泥					
——黏土砖块	1300		0.41～0.28		20～400℃
建筑材料					
红 砖	600	1700～1800	$0.465 + 0.51 \times 10^{-3} t$		
混凝土	200	1900～2300	0.7～1.2		20℃
钢筋混凝土		2200～2500	1.55		
玻 璃		2500	1.09		30℃
干木板		250	0.06～0.21		垂直木纹方向
自然干燥土壤		1800	1.16		

附录 5　绝热材料的热导率

材　料	最高使用温度/℃	密度/kg·m^{-3}	热导率/W·(m·℃)$^{-1}$	备　注
散料				
石棉粉	600	600～860	0.082～0.093	
锅炉炉渣		1000	0.29	
锯木屑		200	0.07	20℃
苦土粉(w(MgO):85%)	450	216	0.067～0.08	38～204℃
膨胀蛭石	1000	100～300	0.052～0.058	
膨胀珍珠岩	最高　800 最低 -200	50	$0.058+0.14\times10^{-3}t$	-200℃～常温
制品				
轻质黏土砖	1300～1400	1300	$0.407+0.35\times10^{-3}t$	
轻质黏土砖	1300	1000	$0.291+0.256\times10^{-3}t$	
轻质黏土砖	1250	800	$0.262+0.232\times10^{-3}t$	
轻质黏土砖	1150	400	$0.0815+0.221\times10^{-3}t$	
轻质高铝砖	1350	750	$0.175+0.268\times10^{-3}t$	
轻质硅砖	1550	1200	$0.465+0.465\times10^{-3}t$	
硅藻土砖	900	700	$0.198+0.268\times10^{-3}t$	
硅藻土砖	900	600	$0.145+0.314\times10^{-3}t$	
硅藻土砖	900	550	$0.11+0.145\times10^{-3}t$	
硅藻土砖	900	500	$0.093+0.244\times10^{-3}t$	
石棉蛭石制品	600	250～300	$0.815+0.232\times10^{-3}t$	
水泥蛭石制品	600	400～450	$0.104+0.198\times10^{-3}t$	
水泥珍珠岩制品	600	350～400	$0.065+0.105\times10^{-3}t$	
水玻璃珍珠岩制品	600	250～300	$0.065+0.14\times10^{-3}t$	
磷酸盐珍珠岩制品	800～1000	200～250	$0.0524+0.291\times10^{-3}t$	
超细玻璃棉制品	350～400	18～20	$0.0326+0.232\times10^{-3}t$	
粉煤灰泡沫混凝土	300	500	$0.099+0.198\times10^{-3}t$	
水泥泡沫混凝土	250	450	$0.100+0.198\times10^{-3}t$	
石棉板	600	900～1200	$0.157+0.14\times10^{-3}t$	
沥青矿渣棉毡	600	100	$0.04+0.151\times10^{-3}t$	
硅酸铝耐火纤维	1260			
			260℃　540℃　815℃　1095℃	
针　刺　毡		48	0.09　0.20　0.31　0.47	
针　刺　毡		64	0.07　0.19　0.27　0.40	
针　刺　毡		96	0.06　0.12　0.23　0.38	
针　刺　毡		128	0.05　0.10　0.18　0.28	
Saffil 耐火纤维	1600	96	200℃　600℃　1000℃　1600℃ 0.077　0.131　0.225　0.502	
黏合预制块				$w(Al_2O_3)$:95%
泡沫氧化铝砖	1500	380～480	≈0.25	$w(Al_2O_3)$:94.23%
刚玉空心砖	1800	1250	0.80	820℃

附录 6　各种材料的辐射黑度 ε

材料名称和表面状况	温度/℃	ε
磨光的钢铸件	770～1305	0.52～0.56
压轧钢板	21	0.657
钢板(有非常粗糙的氧化层)	24	0.80
磨光的铬	150	0.058
粗糙的铝板	25	0.055
磨光的铸铁	200	0.21
生锈的铁板	20	0.685
稍加磨光的黄铜	38～260	0.12
无光泽的黄铜	38	0.22
镀锡发亮铁片	25	0.043～0.064
镀锌铁皮	38	0.23
镀锌铁皮被氧化成灰色	24	0.276
磨光或电镀层银	38～1090	0.01～0.03
抛光的铝		0.052
粗糙红砖	20	0.93
混凝土		0.63
耐火砖		0.71～0.85
黏土		0.37
白色粗糙石灰浆		0.87
光滑水泥砂浆		0.68
粗糙石棉水泥覆面板		0.86
粗糙屋面焦油纸毡		0.90
粗糙矿渣混凝土		0.90
16 种颜色油漆	100	0.92～0.96
黑色油灯烟煤		0.93
无光泽纸		0.93
平静水面		0.96
雪		0.98
光滑铝粉漆		0.40
光滑玻璃		0.94
磨光大理石		0.93

附录 7　湿空气的相对湿度 Φ(%)表

干球温度/℃	干湿球温度差/℃																						
	0.6	1.1	1.7	2.2	2.8	3.8	3.9	4.4	5.0	5.6	6.1	6.7	7.2	7.8	8.3	8.9	9.4	10.0	10.6	11.1	11.7	12.2	12.8
23.9	96	91	87	82	78	74	70	66	63	59	55	51	48	44	41	38	34	31	28	25	22		
24.4	96	91	87	83	78	74	70	67	63	59	55	52	48	45	42	38	35	32	29	26	23		
25.0	96	91	87	83	79	75	71	67	63	60	56	52	49	46	42	39	36	33	30	27	24		
25.6	96	91	87	83	79	75	71	67	64	60	57	53	50	46	43	40	37	34	31	28	25		
26.1	96	91	87	83	79	75	71	68	64	60	57	54	50	47	44	41	37	34	31	29	26		
26.7	96	91	87	83	79	76	72	68	64	61	57	54	51	47	44	41	38	35	32	29	27	24	21
27.8	96	92	88	84	80	76	72	69	65	62	58	55	52	49	46	43	40	37	34	31	28	25	23
28.9	96	92	88	84	80	77	73	70	66	63	59	56	53	50	47	44	41	38	35	32	30	27	25
30.0	96	92	88	85	81	77	74	70	67	63	60	57	54	51	48	45	42	39	37	34	31	29	26
31.1	96	92	88	85	81	78	74	71	67	64	61	58	55	52	49	46	43	41	38	35	33	30	28
32.2	96	92	89	85	81	78	75	71	68	65	62	59	55	53	50	47	44	42	39	37	34	32	29
33.3	96	92	89	85	82	78	75	72	69	65	62	59	56	54	51	48	45	43	40	38	35	33	30
34.4	96	93	89	86	82	79	75	72	69	66	63	60	57	54	52	49	46	44	41	39	36	34	32
35.6	96	93	89	86	82	79	76	73	70	67	64	61	58	55	53	50	47	45	42	40	37	35	33
36.7	96	93	89	86	83	79	76	73	70	67	64	61	59	56	53	51	48	46	43	41	39	36	34
37.8	96	93	90	86	83	80	77	74	71	68	65	62	59	57	54	52	49	47	44	42	40	37	35
38.9	96	93	90	86	83	80	77	74	71	68	66	63	60	57	55	52	50	47	45	43	41	38	36
40.0	97	93	90	87	84	80	77	74	72	69	66	63	61	58	56	53	51	48	46	44	41	39	37
41.1	97	93	90	87	84	81	78	75	72	69	66	64	61	59	56	54	51	49	47	45	42	40	38
42.2	97	93	90	87	84	81	78	75	72	70	67	64	62	59	57	54	52	50	47	45	43	41	39
43.3	97	94	90	87	84	81	78	76	73	70	67	65	62	60	57	55	53	50	48	46	44	42	40
44.4	97	94	90	87	84	82	79	76	73	70	68	65	63	60	58	56	53	51	48	47	45	43	41
45.6	97	94	91	88	85	82	79	76	74	71	68	66	63	61	59	56	54	52	50	48	45	43	41
46.7	97	94	91	88	85	82	79	77	74	71	69	66	64	61	59	57	55	52	50	48	46	44	42
47.8	97	94	91	88	85	82	79	77	74	72	69	67	64	61	60	57	55	53	51	49	47	45	43
48.9	97	94	91	88	85	82	80	77	74	72	69	67	65	62	60	58	56	54	51	49	47	46	44
50.0	97	94	91	88	85	83	80	77	75	72	70	68	65	63	61	58	56	54	52	50	48	46	44
51.1	97	94	91	88	86	83	80	78	75	73	70	68	65	63	61	59	57	55	53	51	49	47	45
52.2	97	94	91	89	86	83	81	78	75	73	71	68	66	64	62	59	57	55	53	51	49	47	46
53.3	97	94	91	89	86	83	81	78	76	73	71	69	67	65	62	60	58	56	54	52	50	48	46
54.4	97	94	92	89	86	84	81	78	76	74	71	69	67	65	62	60	58	56	54	52	50	49	47
55.6	97	94	92	89	86	84	81	79	76	74	72	69	67	65	63	61	59	57	55	53	51	49	47
56.7	97	94	92	89	86	84	81	79	76	74	72	70	67	65	63	61	59	57	55	53	51	50	48
57.8	97	94	92	89	87	84	82	79	77	74	73	70	68	66	64	61	59	58	56	54	52	50	49
58.9	97	94	92	89	87	84	82	79	77	75	73	70	68	66	64	61	60	58	56	54	52	51	49
60.0	97	94	92	89	87	84	82	79	77	75	73	70	68	66	64	62	60	58	56	54	52	51	49

附录8　空气及煤气的饱和水蒸气含量(0.1 MPa)

温度/℃	蒸汽压强/Pa	含水汽量				温度/℃	蒸汽压强/Pa	含水汽量			
		质量浓度/g·m^{-3}		气体体积分数/%				质量浓度/g·m^{-3}		气体体积分数/%	
		干气体	湿气体	干气体	湿气体			干气体	湿气体	干气体	湿气体
0	611	4.87	4.84	0.605	0.602	32	4755	39.60	37.70	4.93	4.69
2	706	5.64	5.60	0.701	0.697	34	5320	44.50	44.20	5.54	5.25
4	813	6.51	6.46	0.810	0.804	36	5941	50.10	47.10	6.23	5.86
6	935	7.48	7.42	0.930	0.922	38	6625	55.30	52.70	7.00	6.55
8	1073	8.59	8.52	1.07	1.06	40	7376	63.10	58.50	7.85	7.27
10	1228	9.81	9.73	1.22	1.21	42	8200	70.80	65.00	8.80	8.10
12	1403	11.20	11.10	1.40	1.38	44	9101	79.30	72.20	9.90	9.00
14	1599	12.90	12.70	1.60	1.58	46	10087	88.80	80.00	11.00	9.90
16	1817	14.60	14.40	1.82	1.79	48	11161	99.50	88.50	12.40	11.00
18	2064	16.70	16.40	2.08	2.04	50	12335	111.40	97.90	13.85	12.18
20	2338	19.00	18.50	2.36	2.30	60	19920	196.0	158.0	24.50	19.70
22	2644	21.50	21.00	2.68	2.61	70	31160	361.0	249.0	44.90	31.60
24	2984	24.40	23.60	3.04	2.94	80	47347	715.0	379.0	89.10	47.10
26	3361	27.60	26.70	3.43	3.32	90	70107	1870	563.0	233.0	70.00
28	3780	31.20	30.00	3.88	3.73	100	101325		816.0		100.0
30	4243	35.10	33.70	4.37	4.19						

附录 9 湿空气的 I-X 图

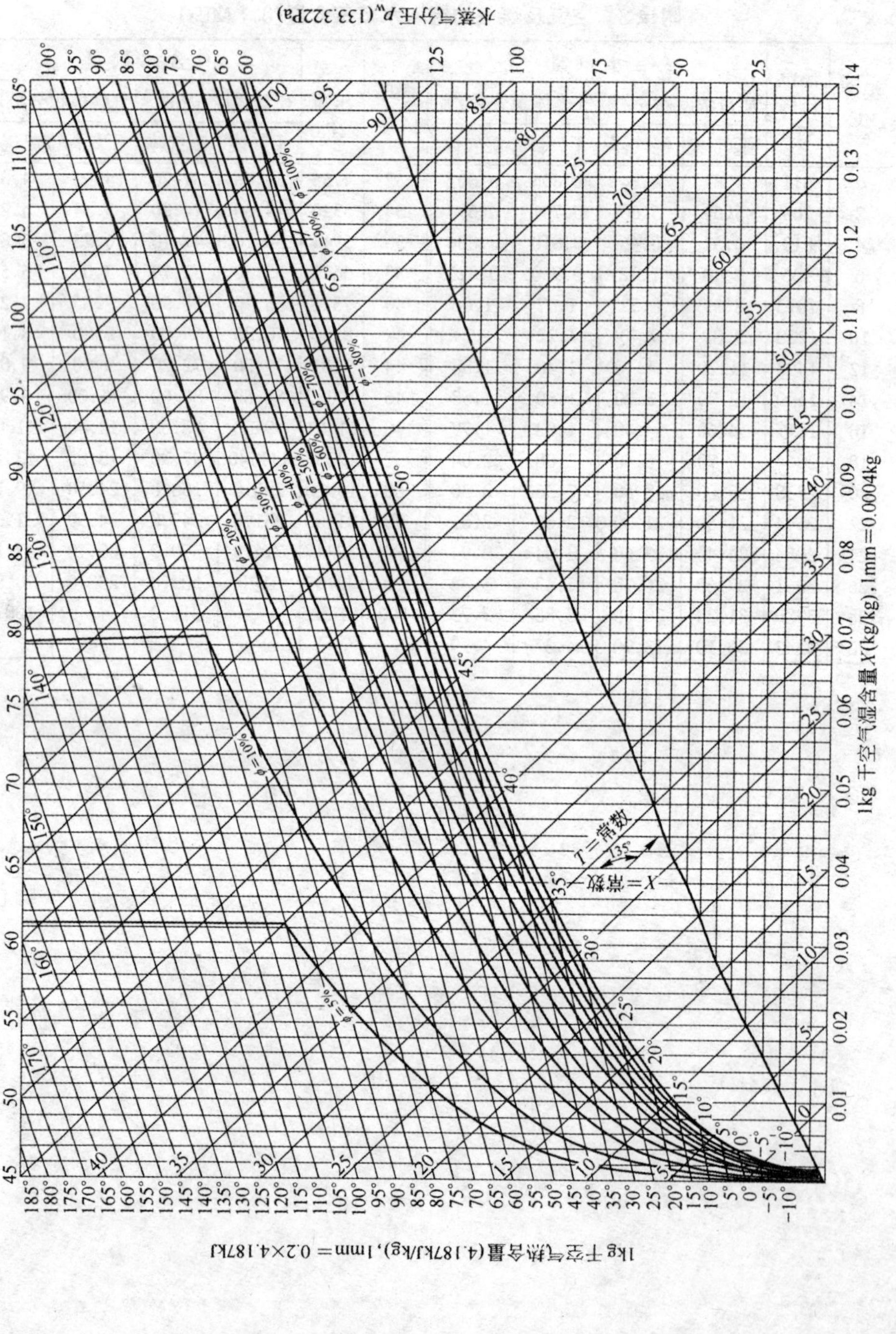
水蒸气分压 p_w(133.322Pa)
1kg 干空气湿含量 X(kg/kg),1mm=0.0004kg
1kg 干空气热含量(4.187kJ/kg),1mm=0.2×4.187kJ
T=常数
X=常数
135°
φ=5%
φ=10%
φ=20%
φ=30%
φ=40%
φ=50%
φ=60%
φ=70%
φ=80%
φ=90%
φ=100%

名词术语

参考文献

1 姜金宁.硅酸盐工业热工过程及设备.北京:冶金工业出版社，1994

2 傅秦生,何雅玲,赵小明.热工基础与应用. 北京:机械工业出版社,2001

3 延吉生,徐利华.工业废弃物再循环利用.北京:科学出版社,2004

4 姜金宁.耐火材料工业热工过程及设备.北京:冶金工业出版社,1984

5 Lawrence Smith, Jeffrey Means, Edwin Barth. Recycling and Reuse of Industrial Wastes. Battelle Press, USA, 1995

6 武汉建筑材料工业学院.硅酸盐工业热工过程及设备.北京:中国建筑工业出版社，2002

7 徐利华,连芳.工业废弃物再循环利用与热工技术.北京科技大学教材,2003(内部资料)

8 姜金宁,杨泮池.间歇式高温窑热工特性与节能途径.耐火材料,1988.3:50～56

9 殷维君.水泥工艺学.武汉:武汉工业大学出版社,1995

10 徐利华,钱扬保,连芳. 多因素耦合下合成β-Sialon材料的工艺优化. 硅酸盐学报，2004, 32(9):1109～1114

11 延吉生.我国能源资源状况利用现状与发展战略.金属矿山,2003,8:1～4

12 Bentley R W. Global oil & gas depletion: an overview. Energy Policy, 2002, 30: 189～205

13 延吉生.科技攻关在保证我国油气安全中的作用.中国科技论坛,2003,101～103

14 刘广会，朱荣. 蓄热除尘技术在工业炉窑上的应用. 工业炉，2003，25(4)：19～22

15 徐利华,刘明,连芳. Sialon/Al_2O_3 复合材料的结构性能和优质弥散相的合成热力学. 复合材料学报,2004,21(6):130～136

16 吕雷,童树庭.玻璃窑炉中的燃烧新技术.工业炉,2005,27(5):8～11

17 赵永田.玻璃工艺学.武汉:武汉工业大学出版社,1993

18 Li-Hua Xu, Fang Lian. Optimal design and preparation of beta-SiAlON multiphase materials from natural clay. Material & Design, 2006, 27: 595～600

19 章熙民.传热学.北京:中国建筑工业出版社,1984

20 徐利华.热工基础与窑炉分析.北京科技大学教材,2001(内部资料)

21 延吉生.大力推进煤矸石综合利用促进资源环境的持续发展.中国矿业,2002,11(6):17～18

22 范用民.建筑材料.北京:高等教育出版社,1999

23 徐利华,刘明. 铝炭质滑板的抗侵蚀特征分析. 耐火材料，2004，38(4):242～244

24 华夏. 直流电弧炉的底电极结构及其耐火材料. 工业加热，2001,1：31～36

25 岑可法,樊建人.工程气固多相流动的理论与计算.杭州:浙江大学出版社,1990

26 姜金宁,杨泮池.间歇式高温窑砌筑体传热分析.耐火材料,1987.4:41～47

27 李相国．用 k-ε 模型数值模拟喷旋分解炉内的湍流流动．水泥工程，2005，4：21～23
28 干勇．炼钢－连铸新技术 800 问．北京：冶金工业出版社，2003
29 赵方冉．装饰装修材料．北京：中国建材工业出版社，2002
30 邸云萍，徐利华．掺杂锡离子对纳米二氧化钛薄膜光催化性能的影响．云南大学学报，2005，27(5A)：452～456
31 高秋艳．薄板坯连铸连轧生产线的技术现状．轧钢，2003，20(6)：30～33
32 周淳，吴湘．薄板坯连铸连轧技术发展现状．重型机械科技，2002，1：7～9
33 田乃媛．薄板坯连铸连轧．北京：冶金工业出版社，2004
34 唐荻，蔡庆伍，米振莉．薄板坯连铸连轧的现状和新进展．轧钢，1999(2)：49～51
35 徐霞．国内外直流电弧炉发展概况．湖南冶金，1996(2)：57～63
36 郑州华宇集团．高炉炭块陶瓷砌体复合炉衬技术研讨会论文集．河南郑州，1999
37 王筱留．高炉生产知识问答．北京：冶金工业出版社，2004
38 曾正明．工业炉技术问答．北京：机械工业出版社，1998